高等教育艺术设计系列教材

版式设计

（第3版）

胡晓婷 富尔雅 ◎ 主 编
王 瑞 杨 放 ◎ 副主编

清華大學出版社
北京

内 容 简 介

本书根据国内外版式设计发展应用的新特点，结合具体操作流程，系统介绍了版式设计的功能、原则、历史经验的借鉴、视觉流程、色彩选择、图像处理、文字编排、形式美法则等基本知识和技能，并通过实训项目，提高学生的应用能力。

本书内容丰富、结构合理、流程清晰、案例经典、突出实用性，既可作为大中专院校艺术设计专业的教材，也可作为文化创意企业和广告艺术设计公司从业者的职业教育与岗位培训教材，同时对于广大艺术设计、美术自学者也是一本有益的版式设计基础训练指导手册。

图书在版编目（CIP）数据

版式设计 / 胡晓婷，富尔雅主编 . —3 版 . —北京：清华大学出版社，2024.5
高等教育艺术设计系列教材
ISBN 978-7-302-66010-1

Ⅰ . ①版… Ⅱ . ①胡… ②富… Ⅲ . ①版式 – 设计 – 高等学校 – 教材 Ⅳ . ① TS881

中国国家版本馆 CIP 数据核字（2024）第 069985 号

责任编辑：王剑乔
封面设计：刘 键
责任校对：刘 静
责任印制：宋 林

出版发行：清华大学出版社
网 址：https://www.tup.com.cn, https://www.wqxuetang.com
地 址：北京清华大学学研大厦 A 座 **邮 编**：100084
社 总 机：010-83470000 **邮 购**：010-62786544
投稿与读者服务：010-62776969, c-service@tup.tsinghua.edu.cn
质量反馈：010-62772015, zhiliang@tup.tsinghua.edu.cn
课件下载：https://www.tup.com.cn, 010-83470410
印 装 者：三河市龙大印装有限公司
经 销：全国新华书店
开 本：210mm×285mm **印 张**：11.75 **字 数**：313 千字
版 次：2014 年 11 月第 1 版 2024 年 5 月第 3 版 **印 次**：2024 年 5 月第 1 次印刷
定 价：69.00 元

产品编号：101690-01

编审委员会

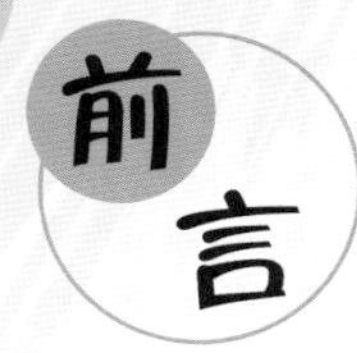

前言

版式设计是艺术设计专业重要的核心课程，也是从业者和就业者所必须掌握的关键知识技能，激烈的市场竞争、社会经济的发展和国家产业的变革都促使企业急需大量具有理论知识与实际操作技能的复合型版式设计专门人才。

《版式设计》自出版以来，因写作质量高，突出应用能力培养，深受全国各高等院校广大师生的欢迎，目前已经多次重印并再版。此次第3版，结合党的二十大为文化创意产业发展指明的方向，编者审慎地对原教材进行了精心设计，包括补充新知识、增加案例赏析及技能训练等，以使其更贴近现代文化产业发展的实际，更好地为国家文化产业繁荣和教学实践服务。

本书作为艺术设计专业的特色教材，坚持科学发展观，严格按照教育部关于“加强职业教育、突出实践能力培养”的教学改革精神，针对版式设计课程教学的特殊要求和就业应用能力培养目标，既注重系统理论知识讲解，又突出综合技能的培养，力求做到“课上讲练结合，重在方法的掌握；课下会用，能够具体应用于广告艺术设计制作实际工作之中”。

本书由李大军筹划并组织，胡晓婷和富尔雅为主编，胡晓婷统改稿，王瑞和杨放为副主编，由王爽教授审订。编者编写分工如下：第一章、第四章、第六章、第十一章由胡晓婷编写，第二章、第五章、第七章、第九章由富尔雅编写，第三章和第八章由王瑞编写，第十章由杨放编写；教学课件由李晓新制作。

在本书再版过程中，我们参阅了国内外有关版式设计的书刊和网站资料，收录了具有典型意义的中外优秀作品，并得到业界有关专家的具体指导，在此一并致谢。为配合教学，本书备有电子课件，读者可以从清华大学出版社网站免费下载。

因设计产业发展快且编者水平有限，书中难免存在疏漏和不足，恳请读者批评指正。

编　者

2024年1月

本书配套资源

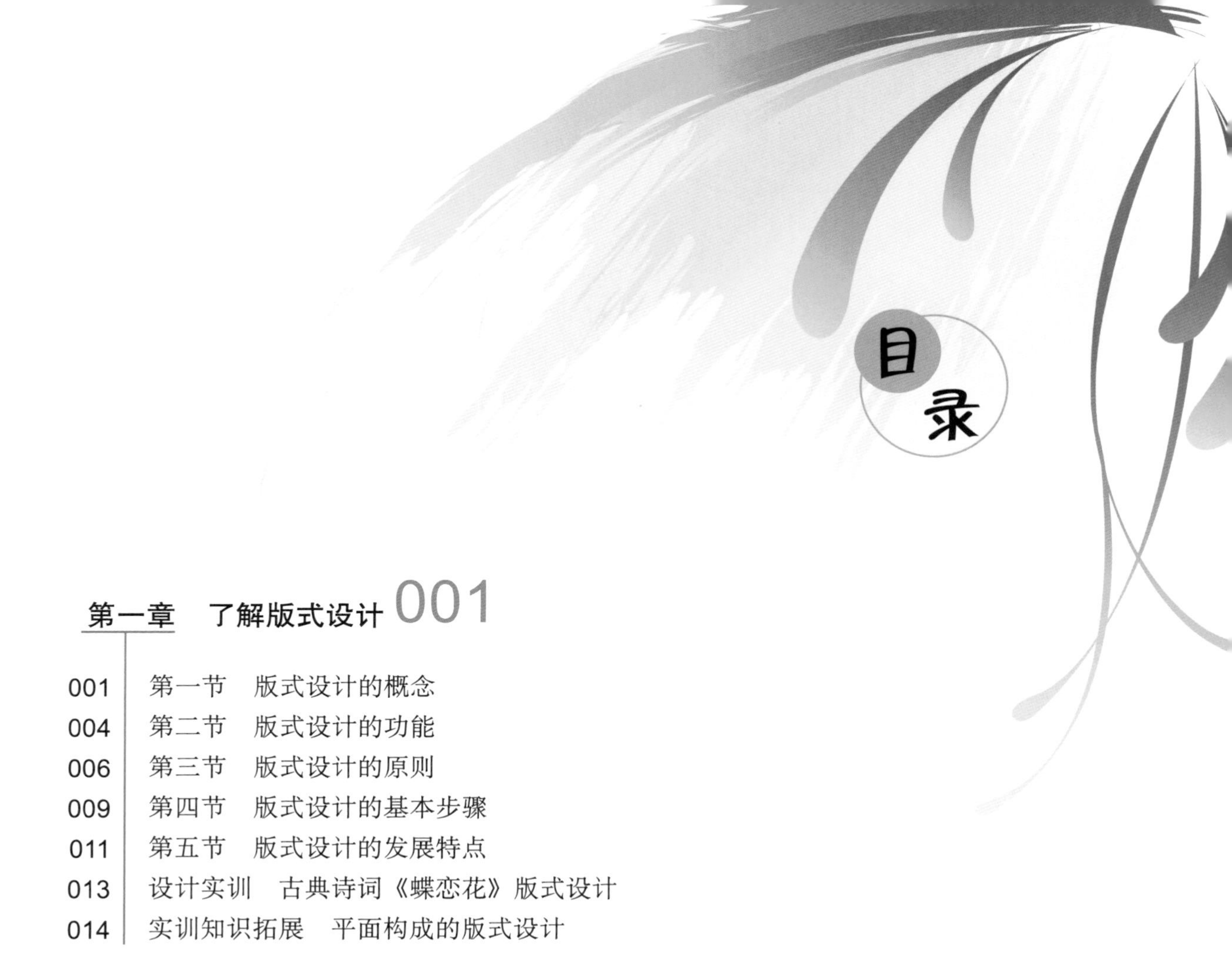

目录

第一章

了解版式设计

学习要点及目标

(1) 了解版式设计的概念和作用。

(2) 了解版式设计的基本功能。

(3) 掌握版式设计的原则。

(4) 熟悉版式设计的基本执行程序。

本章导读

版式设计遍及人们生活的每一个角落,不管我们愿意不愿意,这门学科都在为人们生活的便利提供服务。从专业角度而言,版式设计是通往更加深入的专业学习的必经道路之一,通过这条途径之后,我们会发现,由版式设计所带来的设计世界是如此绚烂多彩,可以说,版式设计是现代设计的重要组成部分,是视觉传达的重要手段,也是平面设计中的重要环节。

第一节　版式设计的概念

一、什么是版式设计

在进行版式设计之前,通常需要收集大量素材。如何对这些素材进行有效筛选和运用,并在有限空间中进行有目的且美观的编排组合,这就是版式设计的前期工作。

要知道什么是版式设计,需要先了解“版面”的概念。从狭义而言,版面通常指书籍、杂志、报纸等的整个页面,如图 1-1 所示的商业书籍册页,由此而言,版式则是指书籍、杂志、报纸等的版面格式；从广义而言,版面则指所有需要设计的空间,例如中央美术学院设计学院毕业展览的前言设计在美院大楼本身的灰色砖墙上，如图 1-2 所示。

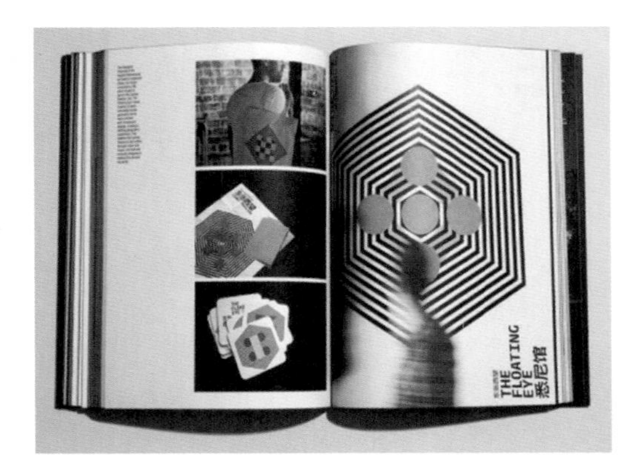

图1-1　澳大利亚RE Sydney的书籍册页

（来源：视觉同盟，http://www.visionunion.com/article.jsp?code=201604060003）

图1-2　中央美术学院设计学院毕业展览的前言设计

版式设计也可以称为编排设计，它需要对版面中所需要的各种构成元素——文字、图形、图像等在形式上进行有机的排列组合，达到信息传递的基本目的，并在信息传递的过程中形成直观动人、主次分明、可读性强的优美阅读空间，促成阅读者美好的视觉与心理体验。优秀的版式设计甚至能在版面中展示出自己新颖的创意和独特的个性，强化表现形式与主诉内容之间的互动关系，并传达出设计者的艺术追求与文化理念，形成一种具有个人风格和艺术特色的艺术表达方式。

二、版式设计的范畴

版面构成伴随着时代的进步、现代科学技术与经济的飞速发展而兴起并不断发展，它与人们的生活变化密切相关，展现了时代精神面貌、审美风向、文化传统的变迁。版式设计的范畴很广，主要分布在两大领域——传统纸媒领域与现代虚拟页面领域及相关电子视频领域。

传统纸媒领域的版式设计表现在以下方面。

（1）出版物版面设计：如报纸版面、杂志版面、书籍版面，如图 1-3 所示。

（2）广告版面设计：如报纸广告、杂志广告、灯箱广告、路牌广告等，如图 1-4 所示。

图1-3　报纸版式设计

（来源：花瓣网，https://huaban.com/pins/1014999395）

图1-4　路牌广告中的版式设计

（来源：花瓣网，https://huaban.com/pins/1282679654）

（3）促销道具设计：如包装、POP 广告、产品目录等，如图 1-5 和图 1-6 所示。

图1-5　酷乐仕维生素包装中的版式设计
（来源：古田路 9 号，https://www.gtn9.com/work_show.aspx?ID=879A30A0155F4072）

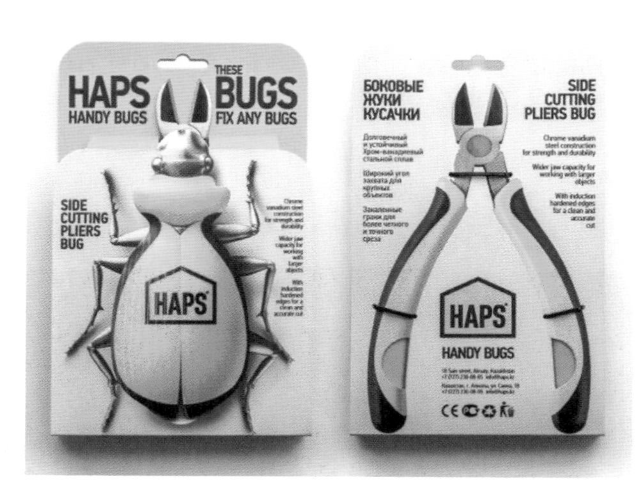

图1-6　澳大利亚五金工具包装中的版式设计
（来源：花瓣网，https://huaban.com/pins/2237313219）

（4）产品形象应用识别设计：如名片、年报、画册等如图 1-7 和图 1-8 所示。

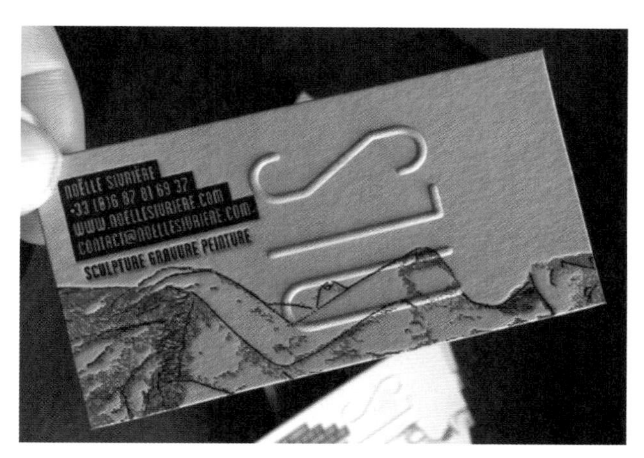

图1-7　名片版式设计
（来源：花瓣网，https://huaban.com/pins/1549995440）

图1-8　唐墨广告三折页版式设计
（来源：花瓣网，https://huaban.com/pins/1686027651）

现代虚拟页面领域及相关电子视频领域则包括网站页面、手机交互页面、电视电影交互页面等。以上这两大类领域为人们表现思想和观念提供了无比广阔的空间。

三、版式设计涉及的行业

版式设计涉及的行业与工作岗位众多，如广告公司的设计师、杂志社美术编辑、插画师、产品企业的设计师、网络公司的美工及设计师等。

四、版式的视觉设计要素

为了传递信息，版式设计需要通过一些构成要素进行表达，其最基本的 3 个设计要素分别为文字、图形图像、色彩。

版面中的主题和内容主要通过文字传达，例如标题、正文、题注等，如图 1-9 所示；而图形图像则给版面创造最为突出的视觉冲击力，它能在第一时间捕获阅读者的视线，并在版面中对文字起到辅助的作用，帮助阅读者理解版面信息，使版面变得更加真实和立体。版面设计中的图像如图 1-10 所示。

图1-9　版面设计中的文字

（来源：花瓣网，https://huaban.com/pins/1576617348）

图1-10　版面设计中的图像

（来源：Nicepsd, https://www.nicepsd.com/works/114223/ ）

色彩在版面设计中起到奠定基调的作用，它确立版面氛围，对人们的心理影响更加直接，更加感性。在现代商业设计中，色彩的使用已经成为一种策略和一门系统的科学。

五、版式设计的基本目的

版式设计的最初目的在于为信息发布者传递信息，使版面具有清晰的条理性，信息主题得以突出，达到最佳的传递效果。

但是，版式设计并不是一成不变的文字和图形的排列与组合，它并非纯粹的技术编排工作，也没有固定的程式，它在作为信息传递媒介的同时也需要让读者在版面的阅读与欣赏过程中产生共鸣与认同，用设计师本身的设计涵养与水准打动读者，使其形成精神上的愉悦，满足其更高层次的审美需求，从而进一步使信息在读者头脑中得到强化，产生更为恒久的印象。

值得一提的是，现代社会中的信息爆炸、人们生活节奏的加快以及新的视觉习惯的形成与改变，要求设计师们在实际的工作过程中切实考虑信息传递情况，改变以往的设计思路，实现版式设计的基本目的。

第二节　版式设计的功能

一、引起读者注意

作为信息发布和传递的手段，版式设计首先应该具备的一个功能就是要有效地提高版面注意值，引起读者的注意。信息社会中各种信息呈爆炸之势，要在各种信息中抢得先机赢得读者青睐，就需要在版式上做足功夫，也许是通过生动的图片（见图 1-11），也许是通过鲜艳的色彩，也许是通过独具匠心的画面编排形式（见图 1-12），只要能引起读者注意，就是迈向信息传递成功的第一步。

图1-11　农夫山泉包装版式中生动的图
（来源：花瓣网，https://huaban.com/pins/1293500916）

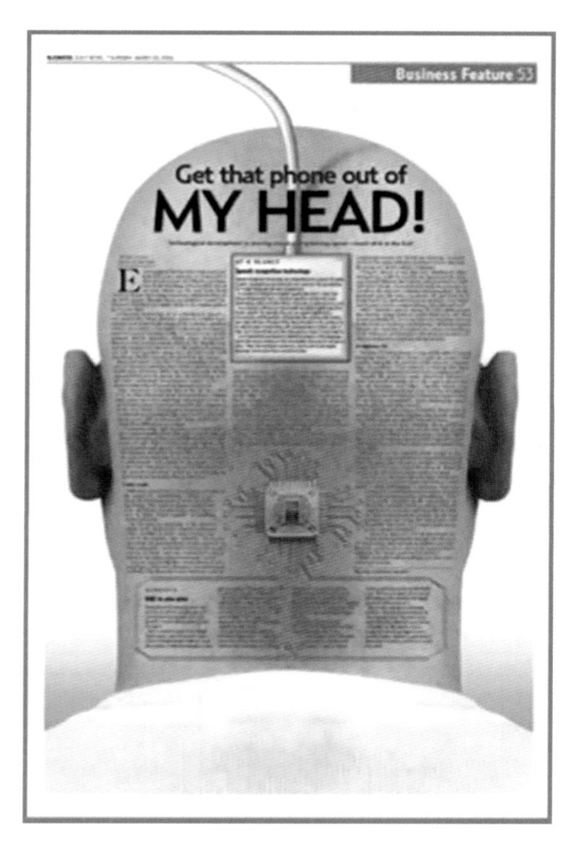
Business Feature 53

Get that phone out of
MY HEAD!

图1-12　报纸版面中独特的编排
（来源：黑光网，http://www.heiguang.com/digital/smcy/20100520/45343_6.html）

二、有利于信息的有效传达

人们常常看见一些印刷品乍看似乎光鲜亮丽，当深入阅读时却感觉阅读困难，例如图片与文字匹配不当，或者字体的选择不得体，或者版面主要信息与次要信息关系紊乱，或者文字的行距过于密集等，这些问题都会使读者失去进一步了解信息的兴趣，导致信息传递中断。因此，设计者不能被花里胡哨的东西所迷惑，不能仅追求表面的视觉冲击力，还应该注意信息传递的内在章法和技巧，认真推敲有效传达各种信息的方法。

三、强化传达效果的持久留存

信息得到传递之后，信息传递的工作并没有完成。对信息设计者而言，更高的要求是让传递出去的信息能在读者的脑海里经久缭绕，产生持久留存的效果。这就要求设计师针对目标观众的品位需求，了解内容，提出概念，弄清楚观众的接受方式，并提高自己的设计水准与修养，使作品形成美感，引发观者共鸣。

例如，图 1-13 所示的宣传海报中的图形轻快活跃，产生光感十足的视觉效果，往往能吸引观者的视线；图 1-14 所示宣传折页特别的折叠方式能令观者产生深刻的印象。

图1-13 宣传海报中的图形产生活跃的气氛
（来源：花瓣网，https://huaban.com/pins/1705675187）

图1-14 宣传折页中别致的折叠效果
（来源：花瓣网，https://huaban.com/pins/2315315025）

第三节 版式设计的原则

被观者一眼看中并念念不忘的版式设计一定是好的设计，这些设计通常具有以下特点。

一、主题鲜明突出

主题是版面要传递的主要信息，在视觉上要能够形成重点，甚至是焦点，它需要具备清晰的条理性、最佳的形式感和最佳的诉求效果。人的视线接触版面时，常常是迅速从左上角移动到左下角，再通过版面中心部分移动到右上角、右下角，最后回到画面中心略偏上的位置。

一般而言，在版式设计中，需要传达的主信息要与画面视觉中心的位置相契合，如美国设计师 Tsongtze 为《狼图腾》设计的封面，如图 1-15 所示。在一些后现代的版式设计中，也有主信息故意偏离画面视觉中心的情况，但在这种情况下往往采取打破整体感的方式，以非常规的排列方式来引起读者的关注，从而也形成另一种意义上的"焦点"，使主题得以突出，例如 Hesign 设计机构的封面设计作品，如图 1-16 所示。

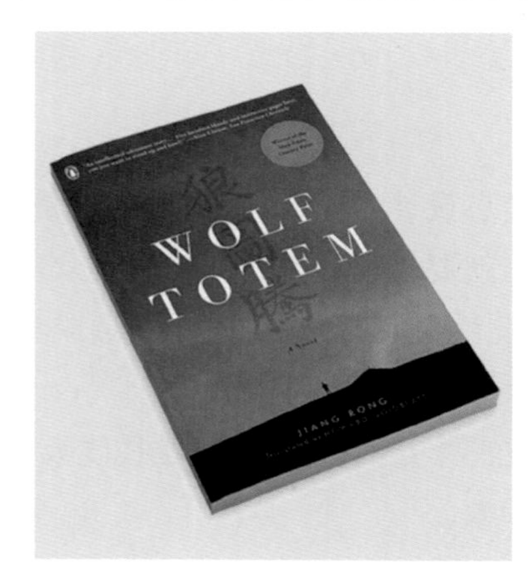

图1-15 美国设计师Tsongtze的书籍封面设计
（来源：Nicepsd，https://www.nicepsd.com/works/112286/）

图1-16 Hesign设计机构的封面设计
（来源：Nicepsd,https://www.nicepsd.com/works/117675/）

二、形式与内容统一

康定斯基在《论艺术的精神》中写道：“形式是内容的外部表现。”这句话意味着形式不能脱离内容而存在。虽然康定斯基此言并非针对版式设计而言，但它仍然适用于此领域。视觉设计作品中的“内容”是指要表现的主题与信息，而“形式”则是指视觉表现，在版式设计中，形式表现为文字的排列、色彩的配置、图形图像的选用等。设计中形式的表现需要服从主题内容的表达，应当是有意味的形式，不能脱离内容而存在，否则会陷入无目的的、空洞的形式游戏之中。

主题内容的表达也需要借助形式来阐释和表现，缺乏艺术表达的内容会显得单调和刻板。只有形式与内容有机地结合在一起，信息的传递才会更加顺畅。如图 1-17 所示，原研哉为无印良品所设计的宣传广告，形式简洁，质朴雅致，与无印良品品牌本身不强调所谓的流行感或个性，提倡简约、自然、富有质感的 MUJI 式现代生活哲学相契合。

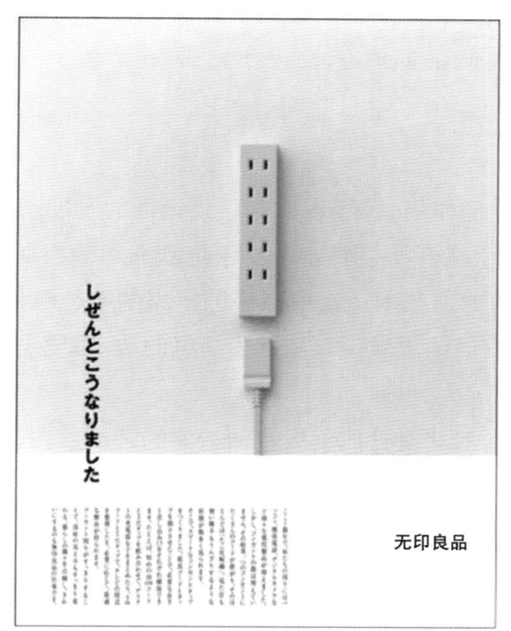

图1-17　原研哉为无印良品设计的宣传广告
（来源：搜狐网，https://www.sohu.com/a/566815203_121124372）

三、版面强调整体感

版面强调整体感，就是通过某种统一的手法，例如采用统一的色彩，或统一的图文构成形式等，使版面形成一个有机的整体。在版面中允许有局部的节奏变化，但是局部变化需要在整体的基调下进行。

强调整体感通常有以下一些方法。

（1）明确版面中的视觉结构方向，例如垂直方向、水平方向、倾斜方向等。

（2）图文的编排过程中注重条理性和内在逻辑性，适当的时候可以引入网格进行设计。

（3）在设计中要整体考虑，封面、内页、折页要秉承统一风格。

在版式设计中，整体关系的重要性要远远大于局部关系，只有版面中的各种视觉要素之间形成适当的联系，版面中才会形成所谓的整体感。在图 1-18 中，版面的色彩、图形等要素之间就具备良好的整体关系。只有强化版面各种编排要素在版面中的结构以及色彩上的关联性，版面才会具有秩序美与条理美。

图1-18　整体视觉良好的版面

（来源：联商论坛，http://www.linkshop.com/club/archives/2006/297770.shtml）

四、技术与艺术的统一

技术的发展在版式设计的历史中起到了举足轻重的作用，曾经多次对版式设计的发展产生转折性的改变。从一开始的手工绘制、中国唐代的雕版印刷等手法开始，到后来14世纪欧洲约翰内斯·古登堡的金属活字印刷拼合木刻插画印刷出版书籍，从19世纪的新艺术运动中诸多艺术家的手绘海报，到如今的融合计算机技术与综合手法设计出来的海报，技术的发展给版式设计注入了新鲜的血液，使之萌发出新生的绿芽并葳蕤生长。

在当今，随着照相排版机、计算机设备的广泛应用，版式设计成为极富创造力的领域。在计算机中，设计师可以用图文编排软件自由地选择字体，并根据需要对文字编排做任意改变：放大、缩小、加宽、变窄、倾斜、扭曲、变形、密集、稀疏，这些都可以成为设计师们信手拈来的手法；照相术的发展和众多图形图像处理软件的开发，使得设计师可以随心拍摄任何自己需要的素材，并借用软件处理成奇幻斑斓、玄妙无比的设计作品；印刷工艺的进步与印刷材料媒介的发展，使得设计师在印前、印中和印后可以对版面材质与效果进行操控，实现更为自我与独创的效果。

版式设计中的技术不仅仅是指硬件上的技术，还指对阅读过程中视觉规律的科学性研究。比如研究读者阅读时视线流动的客观规律，可以使设计师思考版面中的统筹布局；研究读者的年龄阶段，可以使设计师思考版面中文字的字体、字距、行距的确定。

硬件技术的发展带给设计师很多的制作便利，对视觉技术的研究也使设计向着科学的方向靠拢，但仅仅只有这两项技术的版式设计还远远不够。没有结合艺术的版式设计不是成功的版式设计。这里的艺术，既指艺术的形式，也指艺术的内容。对于艺术的形式，设计师可以从包豪斯、荷兰风格派、俄国构成主义、立体派等艺术流派中吸取他们的精华，将这些艺术的形式运用到版式设计之中。

艺术的内容则是指版式中所包含的极为丰富的文化内涵。在日本设计大师杉浦康平设计的《造型的诞生》封面中，选择了佛光、日、月、天、祥云、山脉这些图像元素，营造出一种深邃神秘的悠远意境，如图1-19所示。设计者将视觉元素转化为与读者共有的情感体验，从而打动了读者，使其产生阅读的欲望。这就是版式设计中艺术的无形力量，是版式设计中艺术意味所酿造的艺术情感触动了人们的心灵。

杉浦康平的另一本书《亚洲的书籍、文字与设计》的封面在光影虚空的变换中，呈现出不同民族的文字、符号，也带给人一种无以言表的美感，如图 1-20 所示。

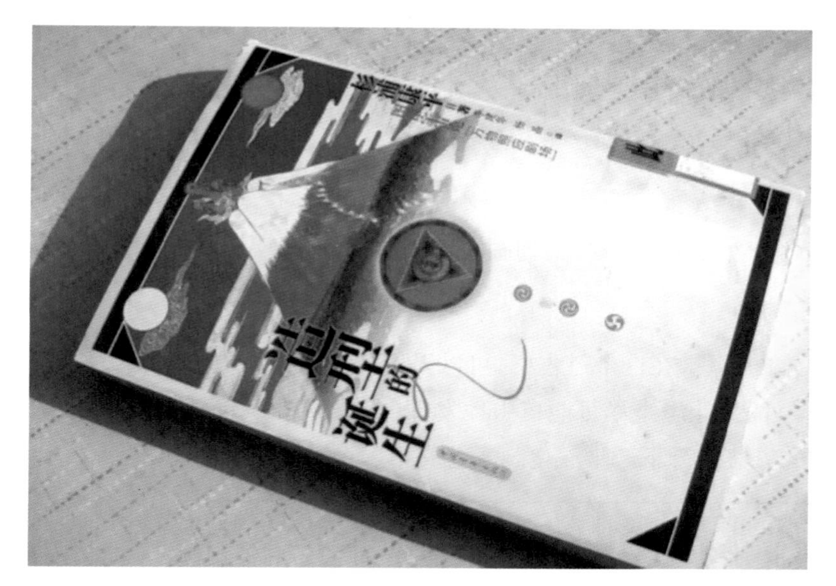

图1-19 《造型的诞生》封面设计
（来源：搜狐网，http://mt.sohu.com/20170330/n485698288.shtml）

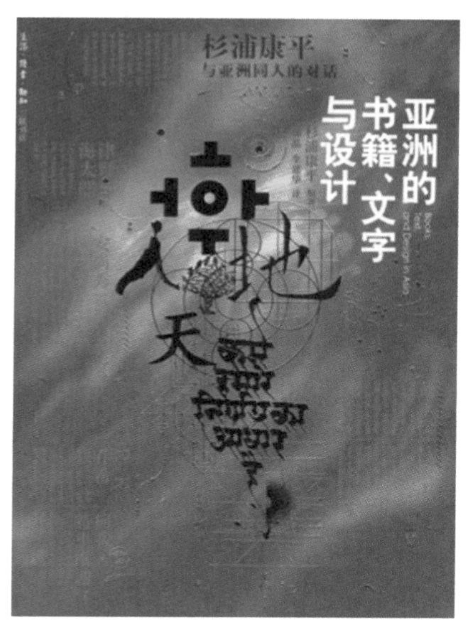

图1-20 《亚洲的书籍、文字与设计》封面设计
（来源：搜狐网，https://m.sohu.com/a/146594989_657084/）

第四节　版式设计的基本步骤

一、思考的方式——怎样让版式设计达到目的

影响版式设计的因素很多，归纳起来可以分为两个方面：样式的选择与版面的确立。

样式即为文字、图片的外观，它涉及版式的视觉度、图版率、文字跳跃率、图片跳跃率、版面空白率、文字排列类型等。当确定好适当的样式后，接下来就需要排列和调整这些样式的位置关系。样式按什么样的关系排列，我们称为确立版面，包括在版面中如何区分主副题，如何使相关内容群化组合，如何确立版面整体视觉流向，如何控制版心与页边，如何形成版面节奏感。

样式的选择与版面的确立需要综合在一起考虑，需要从宏观上观察和思考，在把握宏观的基础上再去考虑一些微观细致的东西。例如同是润肤水广告，卡尼尔和资生堂的红色蜜露在版式上就大相径庭。设计师首先需要考虑版式设计要达到什么样的效果。

卡尼尔是大众平价护肤品牌，价格亲民，在版式的设计上就相对比较亲切活泼，因此在字体选择上可以活泼一些，出现变体，并呈现一定的跳跃度，画面整体视觉度非常饱满，图版率比较高。而资生堂红色蜜露是一款具有悠久历史的润肤水，品质高，价格昂贵，在版式设计中需要凸显其“百年经典”的地位，因此画面简洁干净，呈中心对称，有一定的空白率；在文字上选用古典严谨的宋体字，追求经典感，在色彩的选择上则用了比较高贵的红色，有渐变色，非常有层次感。总之，在明确产品定位和传达对象后，要形成相应的思考定位。

二、版式设计的步骤

（一）明确主题需要传达的信息

接到设计任务，首先需要明确是什么类型的版式设计，是书籍、折页、广告还是网页？这项任务需要传递出什么样的信息？主题和副题分别是什么？信息的目标受众是哪类人群？

（二）收集文字、图形图像素材

根据主题信息尽可能多地收集图形图像素材、文字素材，为勾画小草稿做准备。

（三）绘制草稿，确定整体布局和风格

勾画小草稿的过程，实际是设计者思索的过程，在这个过程中，可以采用“头脑风暴”法，在不假思索的状态下“疯狂”勾画若干不同样式的设计稿，让思维尽可能自由地发挥，如图 1-21 所示。随后，在这些潦草凌乱的小草稿中，甄选出一些比较好的方案进行下一步深化。

图1-21　小草稿描绘阶段

（四）设计正稿，并不断调整和完善

通过计算机进入正稿设计阶段，认真地进行图片、文字、色彩的排列与配置，注意尺寸的设定要精确，做好出血设置，在字体大小的选择上需要考虑计算机的显示效果与实际大小之间的差异性，图片的格式一般选用 CMYK 的 TIFF 格式。

（五）打样、勘误、修正

由计算机稿打印出来的样张通常称为打样。打样和最终的成品应该完全一致，设计师应该在打样上细心检查勘误，检查是否出现信息遗漏、文字错误等问题，这是在上印刷机大量印刷之前的重要程序，发现问题后应立即弥补不足并修正错误，以避免造成经济损失，减少设计遗憾。

三、版式设计的常用软件

可以用于版式设计的软件很多，最为常用的有 InDesign、CorelDRAW 和方正飞腾。

（一）InDesign

InDesign 软件是一个定位于专业排版领域的设计软件，针对艺术排版，由 Adobe 公司于 1999 年 9 月

1日发布。它可以实现高度的扩展性，能提供图像设计师、产品包装师和印前专家多种实用的功能。InDesign内含数百个提升到一个新层次的技术，涵盖创意、精度、可控制性等当今的诸多排版软件所不具备的特性。

此外，InDesign和Photoshop的关系非常密切。在接口设计上InDesign几乎和Photoshop完全相同，原来惯用Photoshop的设计师只要经过简单的培训，了解当中的差异和特性，就可以轻易上手进行版式设计。

（二）CorelDRAW

CorelDRAW是一款由世界顶尖软件公司之一——加拿大Corel公司开发的图形图像软件，它广泛地应用于标志设计、模型绘制、插图绘制、排版及分色输出等诸多领域。相对于InDesign而言，CorelDRAW拥有功能强大的矢量绘画工具，在图形处理功能上要略胜一筹。

（三）方正飞腾

方正飞腾是由北大方正集团自主开发生产的著名桌面排版软件，在中文文字处理上具有其他软件无法比拟的优势，同时具有处理图形、图像的强大能力。它整合了全新的表格、GBK字库、排版格式、对话框模板、插件机制等功能，能保证彩色版面设计的高品质和高效率。

方正飞腾还提供了丰富的画图工具，包括10余种线型，同时圆角矩形之圆角弧度可任意改变，还提供100种花边、273种底纹和10余种颜色渐变方式。通过花边、底纹和渐变功能，用户可以画各种图案，甚至可以形成立体的效果。这些强大功能为报纸、商业杂志等彩色出版物提供了很多便利，又符合中国人的习惯。

方正飞腾易学好用，编排效果丰富，功能强大。它拥有丰富的字体、漂亮的彩色大样、所见即所得的交互界面，可保证印刷效果的准确性，从而降低了整个出版过程的成本。方正飞腾专供报社、杂志社等具有连贯性、系统性的大型服务对象。

第五节　版式设计的发展特点

版式设计的发展有着自己的脉络，它随着时代的变迁拥有着不同的时代烙印，在当代设计文化出现全球化、趋同化倾向的背景下，版式设计出现了一些共同的发展特点，它在传递信息的同时，也在传递新的思想和理念，追求新颖独特的个性表现，其具体发展特点主要表现为以下几个方面。

一、强调创意

在版式设计中，创意主要从形式与内容两个方面表现出来。从形式上而言，通过文字与图形化的编排所制造的幽默、风趣、神秘等独特风格，或者新的印刷技术，都可以带给人新颖的感觉，如图1-22所示，版面中的字体犹如立体剪纸一样，洁白的颜色与深灰的底色互相映衬呈现一种视觉上的纯粹与高贵；从内容上而言，对主题采取象征、明喻、暗喻等方式进行思想创意，会让人发出会心的一笑。

最为成功的当然是把形式与内容结合在一起，并表现出思维的光芒，这样呈现的创意会给版面注入更深的内涵与情趣，使版式设计进入一个更新、更高的境界，产生更持久的生命力。图1-23所示为STIHL斯蒂尔电动工具版式设计，堆积重叠的文字编排与吹风机的巧妙结合，使产品特点传递精准，让人觉得趣味十足，过目不忘。

图1-22 版面中文字的创意表现
（来源：花瓣网，https://huaban.com/pins/422446446）

图1-23 STIHL斯蒂尔电动工具版式设计
（来源：花瓣网，https://huaban.com/pins/1169133562）

二、营造个性风格

设计师的最高追求是能形成独具特色的个人风格，在版式设计中，他们常常追求新颖独特的个性表现，用极富个性的设计理念贯穿于自己的设计作品中，创造具有个人特色的视觉效果和个人风格来吸引读者，引起共鸣。追求个性、摆脱陈旧与平庸是当今设计界在艺术风格上的流行趋势。

图 1-24 所示为波兰设计师 Elzieta Chojna 的封面设计，这些封面色调复古，采用拼贴形式，呈现出一种波普与复古的意味。

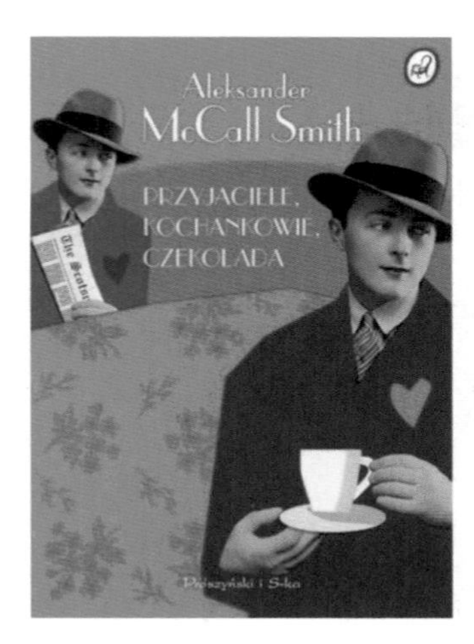

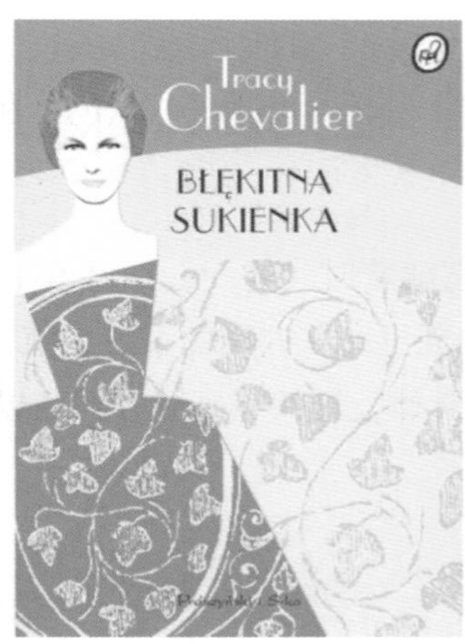

图1-24 波兰设计师Elzieta Chojna的封面设计
（来源：叶信设计门户站，http://www.iebyte.com/view-8485.html）

三、计算机特技的运用

计算机在设计中的广泛应用以及设计软件的不断更新换代，给版式设计带来了实现创意的无限潜能和高能效。数码媒体和多种材料组合的崭新手法，创造出斑斓多彩的设计效果。

计算机软件中对图像的处理、合成、滤镜特殊技巧的使用，新字体不断地被开发，这一切使得版面设计不再是一个单一的发展途径，而是形成了多种视觉可能，这也成为当今版式设计的又一发展趋势，如图 1-25 所示。

(a)

（来源：花瓣网，https://huaban.com/pins/4004326769）

(b)

（来源：搜狐网，https://www.sohu.com/a/202161332_678605）

图1-25　版式设计中运用计算机处理出的特殊画面效果

在观察到版式设计发展趋势的同时，出于对人类设计艺术文化价值的思考，我们需要认真对待并研究东西方不同的版式设计特点，逐步形成自己国家和民族的设计风格。

古典诗词《蝶恋花》版式设计

设计任务及要求如下。

用欧阳修的词《蝶恋花》做主题，在 A4 的版面中进行版式设计，要用到《蝶恋花》诗词中的所有文字，文字形式、图形图像不限，形成一定的版面节奏感和意境。

蝶　恋　花

庭院深深深几许？杨柳堆烟，帘幕无重数。玉勒雕鞍游冶处，楼高不见章台路。

雨横风狂三月暮，门掩黄昏，无计留春住。泪眼问花花不语，乱红飞过秋千去。

该设计实训的榜样作品如图 1-26 所示。

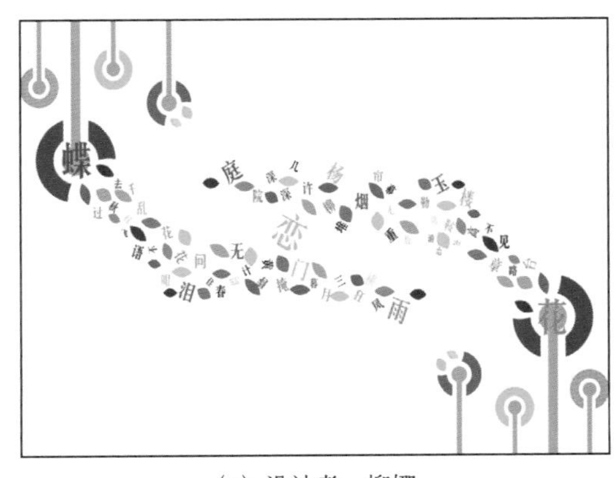

(a) 设计者：柳娜

(b) 设计者：赵凯

图1-26　古典诗词《蝶恋花》版式设计作品

平面构成的版式设计

通过所学的平面构成知识，根据画面进行拼贴，将其中的某些元素用图片或文字替代，也可以得到不错的版式效果，如图 1-27 所示。

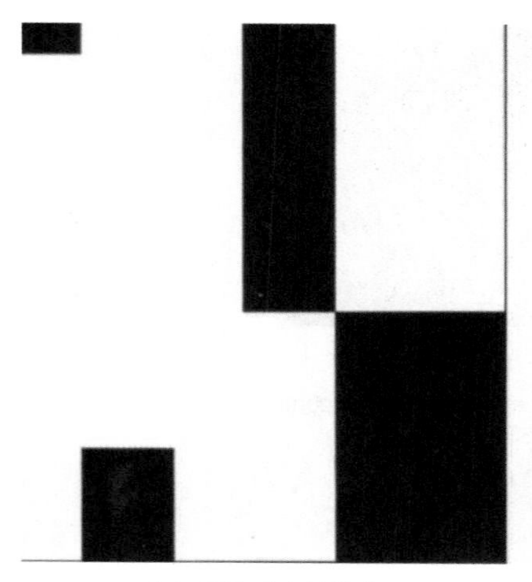

（a）单纯形态的构成

（b）图片与文字形成强弱不同的明度对比

（c）变换了图片和色彩，版面更活跃

（d）二次元自由式分割构成

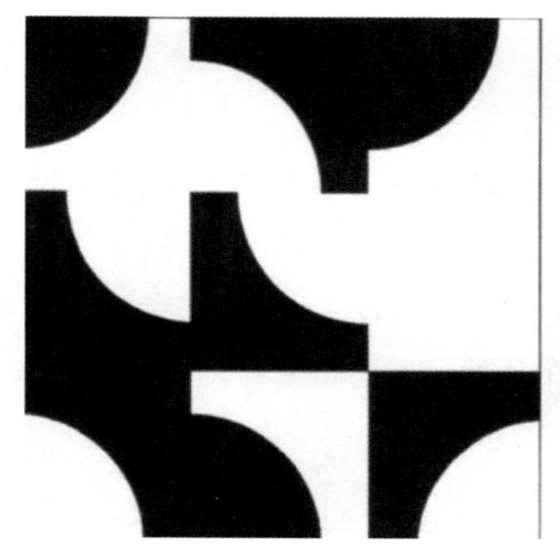

（e）骨骼与基本形的构成作业

（f）这种切割使图片看起来更具象征意义

图1-27　版式设计
（设计者：王同旭）

1. 版式设计有哪些功能？
2. 在版式设计中如何让版面更加有整体感？
3. 版式设计的 3 个最基本要素是什么？
4. 概述版式设计的基本步骤？

第二章

对历史经验的借鉴

学习要点及目标

(1) 了解版式设计的历史与发展。

(2) 了解当代版式设计的现状。

(3) 了解版式设计的发展趋势。

本章导读

版式设计是人与社会的意识承载体，它与一个时代的政治、经济、文化密切相关，它如实并确切地记录着一个时期的文化片段和观念意识。通过一个个或简陋或精美的版面，我们得以窥见创作者与读者的思想以及时代的风貌。

版式设计的发展是一个漫长的过程。早期人类沟通与传播信息的途径有限，随着时代的进步，使得用手稿记载思想与历史成为可能，印刷技术的发展更是加快了信息的传播速度，拓宽了信息的传播渠道。如今计算机图形设计、互联网与虚拟现实等新技术为版式设计提出了新的可能性与发展方向，设计师可以在更宽广的媒体上运用各种工具传播信息，并且这种沟通已经超越了空间的限制。

第一节　版式设计的溯源

一、中国古代的文字排版设计

中国古代的文字排版设计是中国传统文化的记录和产品，不论其形成与发展还是其内涵，无不随着时代的需求、文化的变迁而变化，而贯穿其中不变的则是中华民族传承不息的人文价值观。

从殷商时期甲骨文的出现一直到明清线装书的普及，漫长的发展史中，有两种传统版式对现代的版式设计产生了重要而深远的影响。

（一）甲骨文版式

1899 年河南安阳殷墟发现的甲骨文是人类现今发现的最早的文字形式，这些文字被刀刻在较硬的龟甲兽骨上，又被称为“卜辞”，内容基本上都是商王朝统治者的占卜记录。在刻写卜辞时，人们从上而下顺序刻出，这种刻法既可秉承“天”的旨意，又可连续刻出形成竖写直行的版式。加之中国古代崇尚以右为上，以左为下。从上到下，自然也就先右后左了。这便形成了甲骨文独一无二的书写版式排列，如图 2-1 所示。它是汉字方块化最初构形，同时也为历代汉字书写版式提供了最基本的版面范例。

随着经济的发展，青铜冶炼技术的提高，商周以后，出现了金文版式与石鼓文版式。两者都是对甲骨文版式的传承与丰富。

图2-1 商代甲骨文

（来源：https://baijiahao.baidu.com/s?id=1747655583263360344&wfr=spider&for=pc）

（二）简策版式与帛书版式

简策始于周代，人们用丝绳把竹子等材料加工后形成的细长简片连接起来，编简成册，这是中国最早的书籍形式。简策书仍沿袭甲骨文、金文的竖写直行、由右而左的版式。两根简片之间形成了自然隔线，也为行与行之间的界线，如图 2-2 所示。

帛书（图 2-3）沿用了简策书的版式规律，把简策书中两根简所形成的自然隔线运用在帛书上，出现了朱砂或墨画的行格。同时由于“天人合一”思想的成熟，上下直行的观念进一步发展，不但有了行格，而且使天头、地脚的观念更加明确。

图2-2 简策版式

（来源：https://www.sohu.com/na/471250942_121106994）

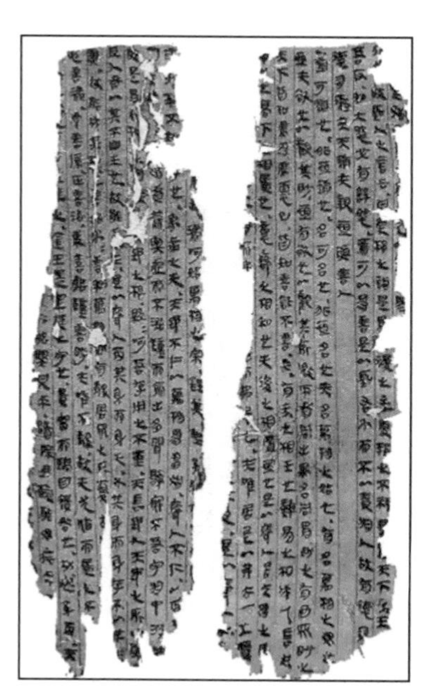

图2-3 帛书版式

（来源：https://www.163.com/dy/article/DSSNMMAC0529M10V.html）

帛书出现后又相继出现了卷轴装书、旋风装书、经折装书、蝴蝶装书、包背装书和线装书。自明代起，中国的文人喜好在书籍的天头地脚间书写心得，加注批语。故而线装书包括文人山水画的形式大多具有版心小，天头、地脚大的特点，尤其是天头之大更是如此。图 2-4 和图 2-5 所示即为古代中国线装书内页版式图和线装书结构图。

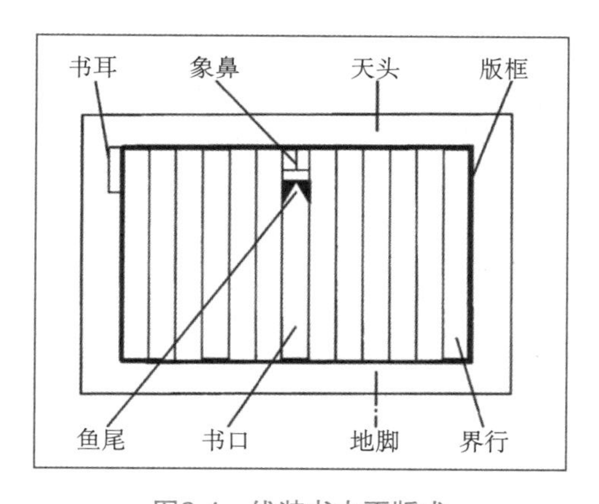

图2-4　线装书内页版式

（来源：https://gushu.net.cn/index.php/cms/show-58.html）

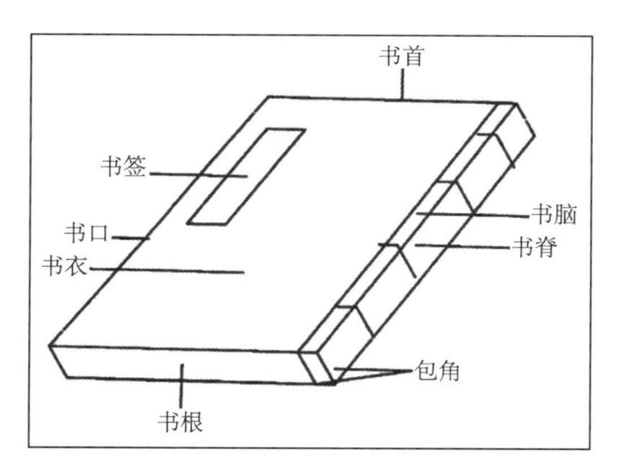

图2-5　线装书结构

（来源：https://gushu.net.cn/index.php/cms/show-58.html）

真正的版式编排开始是与印刷相联系的。北宋毕昇发明了世界上最早的活字印刷技术，也称为胶泥活字。现存中国最早的印刷品是公元 868 年唐代的《金刚经》，它几乎具备版面编排的所有要素。插图在《金刚经》中已经出现了，内容一般为佛经故事中的人物与重要场面。如图 2-6 所示，插图的形式在手卷上为横排，单页中上图下文，行制规范，很少例外。

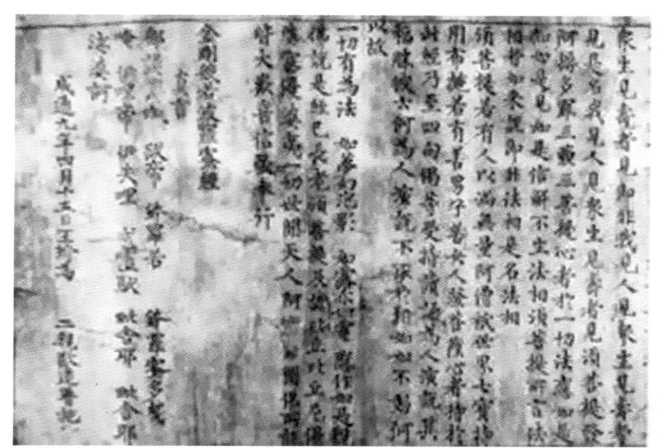

图2-6　唐代《金刚经》内页版式

（来源：https://www.sohu.com/a/452800750_120065771）

宋代以后，印刷技术迅速发展，除佛经外，农、林、医学方面有大量的出版物出现。如《本草图》中采用了木刻作为药材的说明图，文图相辅。如图 2-7 所示，这一时期的版式特点表现为：文字的编排通常没有标点符号，通过文字的大小、顶格与缩进、阴阳强调来标明段落，划分层次，文图交互的穿插十分普遍。

现存最早的印刷广告是北宋时期的“济南刘家功夫针铺”的广告铜板，如图 2-8 所示。其构图严谨庄重，主次分明，图文并茂，中间的“玉兔捣药”商标和店址与内文、广告语融为一体，既是传单、包装纸，又是招贴，是一幅相当完整的古代平面广告设计作品，可以说版式编排是在我国最早得到完善的。

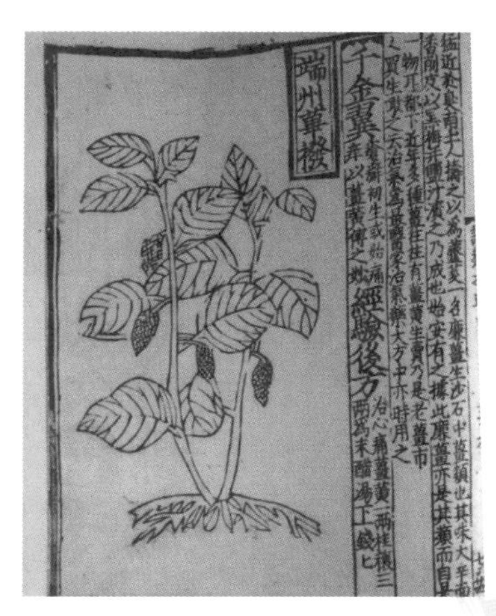

图2-7　宋代《本草图》内页版式

（来源：http://www.qudiandi.com/auction/item/aid/6549.html）

图2-8 北宋刘家功夫针铺广告铜板
（来源：北方日报，http://szb.northnews.cn/bfxb/html/2022-04/26/content_35991_179253.htm）

二、西方早期的版式设计

（一）古典时期

1．古埃及壁画与纸草书中的版式设计

距今 5000 多年前，古埃及出现了以图形为核心的象形文字，这种意为“神的语言”的文字完全是象形图画式的。它与中文完全以文字为中心的书写编排不同，埃及人记录他们思想的方式一开始便是图像与文字并存。

古埃及的壁画和纸草文书可以称得上版面设计的杰作，如图 2-9 所示，“神的文字”可以横排也可以竖排，文字本身又有强烈的图画倾向，版面编排上非常自由化，主题突出，文图交相辉映，十分精美，整体呈现高度装饰化的效果。

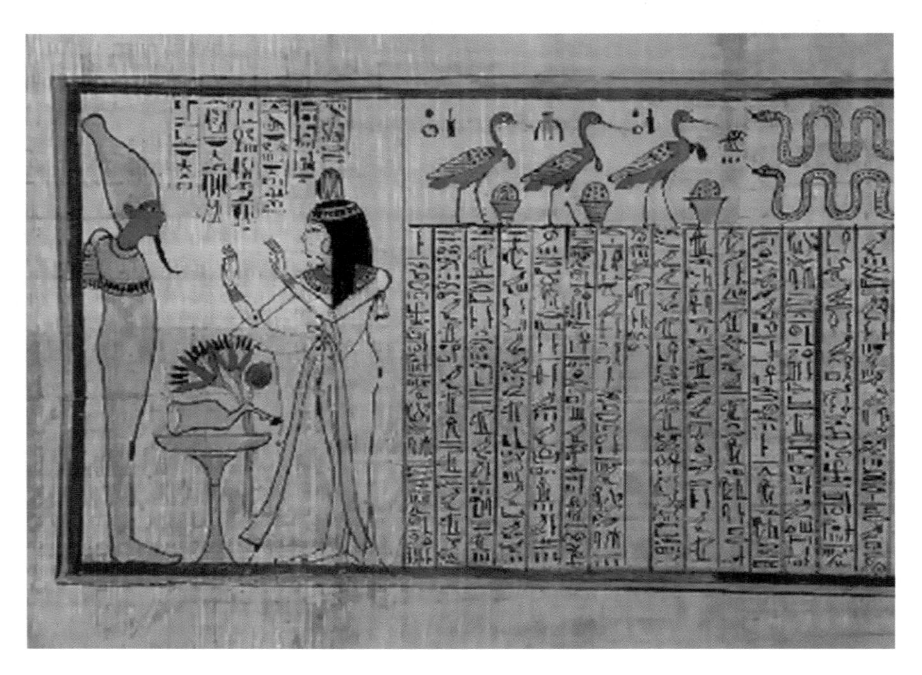

图2-9 古埃及壁画
（来源：搜狐网，http://mt.sohu.com/20160617/n454998341.shtml）

2. 古罗马时期

欧洲文明起源于希腊地区克里特岛上发展起来的米诺亚文明。从那以后，古希腊人在米诺亚象形文字的基础上发展了拼音字母体系，从根本上改变了人们传播与沟通的方式，也产生了独立的、西方式的版面安排方式。

古罗马人直接照搬了古希腊人的文明，并创立了标准化的拉丁文字，每一个字母被独立地设计，字母上开始出现装饰线，形成了饰线体。版面由一个个罗马饰线体字母连续排列而成，整体效果典雅、庄严、规范。由于当时书写材料比较昂贵，使得版面中字体排列相对比较紧密。手抄本中，常常使用的手书体“拉斯提克方体”也呈现这一特点，字体紧密，节省空间，并且书写速度较快，便于日常使用。

3. 中世纪抄本时代

中世纪时期，在文化史上被称为“黑暗时期”，但中世纪却是一个手工艺术辉煌的时代，手抄本的圣经和其他的福音著作成为版面设计集大成之作。这些倾注了教士毕生精力的精美的手抄本装饰华贵，风格瑰丽。羊皮是中世纪的手抄本最惯常使用的材料，它可以两面书写，并折叠缝线装订，书籍整体的版面布局也由长卷式变成了长方形的书页，字体、插图与装饰都随之产生了很大的变化。

公元 5 世纪左右，凯尔特人的手抄书籍装饰风格浓烈，设计讲究，往往把首写字母扩大并装饰华贵，书籍插图为图案式并且有装饰边环绕，被称为“凯尔特书籍风格”。其代表作有《杜若经》（*The Book of Durrow*）与《凯尔斯经》（*The Book of Kells*），其内页版式分别如图 2-10 和图 2-11 所示。

图2-10 《杜若经》内页版式

（来源：网易，https://www.163.com/dy/article/DQL4FDI705341EY9.html）

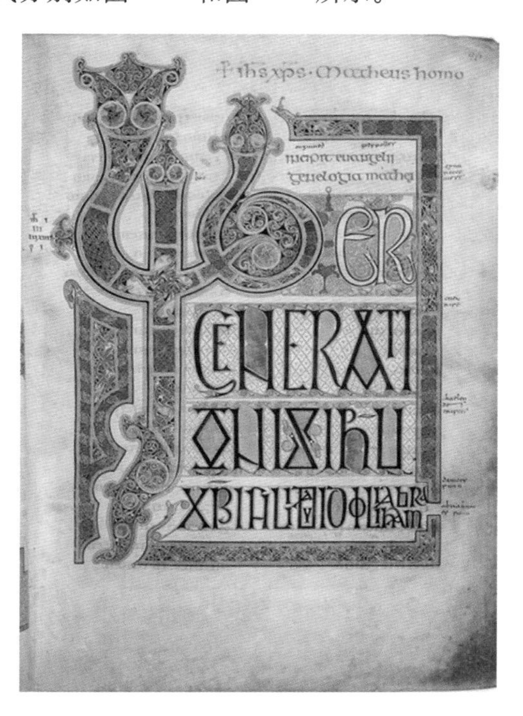

图2-11 《凯尔斯经》内页版式

（来源：文汇客户端，https://wenhui.whb.cn/third/baidu/201911/03/299346.html）

公元 8 世纪末，查理曼皇帝发行“皇家标准文书”，统一了手抄本书籍的版面标准、装饰标准与手书字体标准，这是欧洲开始走向标准化出版的开端。同时期西班牙书籍抄本受到阿拉伯装饰风格的影响，在版面装饰上强调图案的作用，甚至出现了以图案为中心的装饰扉页。这类具有复杂插图装饰、色彩艳丽的书籍抄本被称为“西班牙图画表现主义”。

13、14 世纪哥特字体的出现对书籍的版面编排带来了很大的影响。哥特字体字形瘦长，字母的饰线消失，笔画截弯取直、有棱有角。应用这种整齐粗黑的哥特字体的书籍，版面上表现为排版密集，整齐并且规格化，文字开始分栏编排，插图的位置也较整齐、统一。

（二）文艺复兴

始于 14 世纪的欧洲，以意大利为先锋的文艺复兴运动全面复兴了古罗马与古希腊的文化艺术成就。文化的繁荣，加上德国人古登堡发明了金属活字印刷，带动了出版业的繁荣，进一步推动了整个欧洲出版业的发展。

文艺复兴时期的书籍插图作品刻工细腻，讲究光影与空间透视，书籍中的图文编排也突破了手抄书的固定形式。文艺复兴时期的绘画风格，对后来的插图设计具有重要的影响作用（图 2-12）。

书籍《波利裴丽斯的爱情梦》（*Hypnerotomachia Poliphili*）是当时意大利人文主义风格的经典作品。其内页版式如图 2-13 所示，字距疏密有致，行距清晰，段落编排合理，野花装饰柔美，版面整体精致高雅，使此书成为当时版式设计的典范。

图2-12 《启示录》木刻版画

（来源：喜马拉雅，https://www.ximalaya.com/youshengshu/13063189/73110537?source=m_jump）

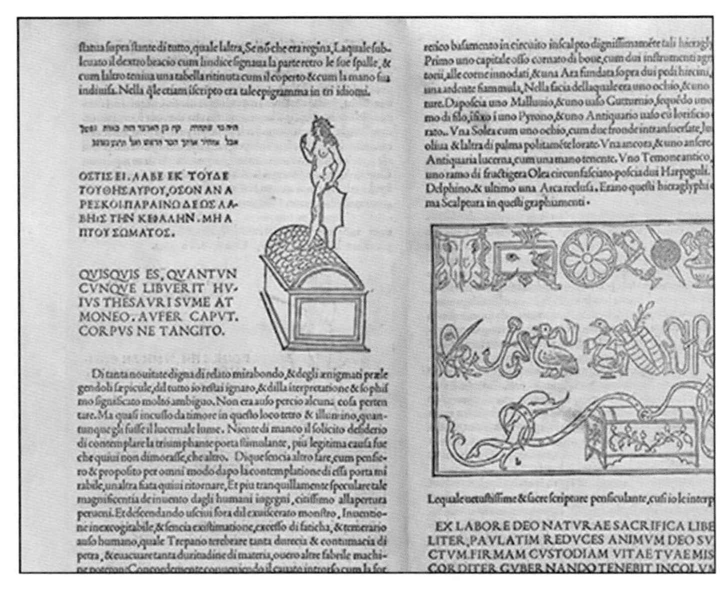

图2-13 《波利裴丽斯的爱情梦》内页版式

（来源：codex99，http://www.codex99.com/typography/82.html）

（三）新艺术运动

文艺复兴之后，经历了矫揉造作的巴洛克风格、烦琐矫饰的洛可可风格与维多利亚风格后，19 世纪末的欧洲开始了设计的新探索与实验。这场设计运动的起因可以归结为两个方面：一是对于弥漫整个 19 世纪的烦琐的维多利亚风格以及传统的历史主义装饰风格的否定；二是对工业化大生产的厌恶与反对，企图唤起对手工艺的重视。

正因为这两点动因，新艺术运动基本上完全抛弃了对任何一种传统装饰风格的借鉴，转而从东方艺术与自然中寻找装饰动机。自然主义、曲线、有机形态是其最主要的形式特征，大量的曲线、植物纹样与动物的形态体现在设计中，使之具有非常鲜明的特点。同时，当时的艺术家们对历史主义的大胆否定也为后来的现代主义运动在精神与实质上奠定了基础。

“新艺术”是一场运动，而不是一种统一的风格，它在各个国家都有自己的诠释和独特的设计特点与细节。法国是新艺术运动的发源地，尤金·格拉谢特（著名的插画家）是这个时期的杰出代表。他的插画与书籍设计作品从日本浮世绘中吸取灵感，运用强烈的黑白对比，色彩轻松浪漫，同时插图、字体与版面风格高度统一，成为这个时代书籍设计的典范，如图 2-14 所示。

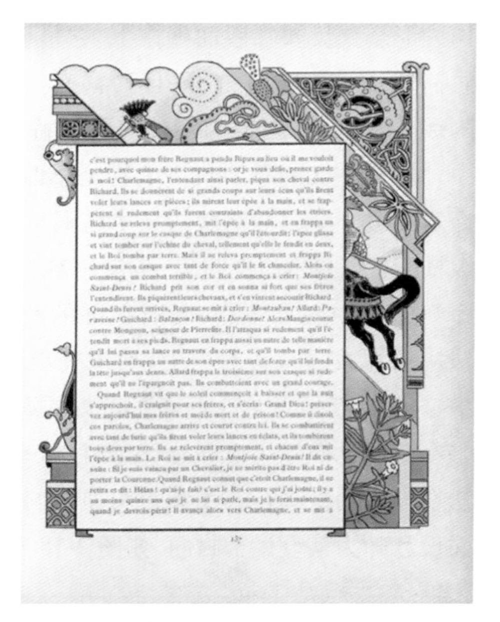

图2-14　尤金·格拉谢特设计的书籍内页
（来源：paperblog,http://www.paperblog.fr/1579358/legendes）

新艺术运动对英国的影响更多地表现在平面设计与插图上，有两个重要的代表人物：比亚兹莱与查尔斯·里克茨。比亚兹莱因其作品中浪漫的植物纹样、曲线的运用，强烈的黑白对比以及丰富的想象而闻名，《莎乐美》一书是其代表作品，版式风格明快、流畅、自由，如图 2-15 所示。

新艺术运动在德国被称为“青年风格”，因其与学术界的密切联系，与英国和法国相比，它在德国更具有知识分子气息。不同于欧洲其他国家，“青年风格”在德国只是对新风格的探索，并没有取代从中世纪流传下来的陈旧的古登堡时期的风格。

在平面设计领域，新艺术运动的两个代表人物——奥托·艾克曼和彼得·贝伦斯的作品主要集中在为刊物设计的版面与插图。艾克曼的风格写实，经常运用女性主题与花卉题材，精细浪漫，其作品如图 2-16 所示。贝伦斯则从“青年风格”开始，积累经验，慢慢过渡到了现代主义风格，成为德国现代设计的奠基人之一。

图2-15　《莎乐美》内页版式
（来源：湖畔书店，https://detail.youzan.com/show/goods?alias=26u9czt82ri6b&）

图2-16　奥托·艾克曼为德国电器工业公司简介设计的封面
（来源：蓝蓝设计，http://www.lanlanwork.com/blog/?post=8060）

第二节　20世纪的现代主义与版式设计

一、俄国构成主义

俄国构成主义产生于 20 世纪初，其旗帜鲜明，政治目的明确，就是要用一种新的形式来否定旧时代沙皇统治时期的一切传统风格，同时又与革命的意识形态配合，为无产阶级和人民服务，强调社会实用性与构成形态。反映在版面编排上，它呈现出一个总的特征：与以往传统、精致、典雅的风格相区别，新的形式简单、明确、无装饰、醒目而富有力量，甚至杂乱无章，常用简单的几何图形和纵横结构，表现出无产阶级朴素无华、刻苦的精神与阶级特征。

构成主义的重要代表人物是李西斯基。作为现代主义平面设计的创始人之一，李西斯基在设计上的探索突破了金属活字版的技术局限与控制，采用了新的、革命的结构与主题。字体全部是无装饰线体的，纵横版面编排简洁、明确，色彩单纯，完全排斥装饰。同时，所有的版式、内容、色彩与图形都围绕着“革命”这个中心与主题，带有很强的政治目的性。李西斯基的另一个特征是广泛采用照片剪贴，这一手法应用在政治宣传海报上，效果突出、强烈。

图 2-17 所示为李西斯基设计的海报《用红色的楔子攻打白军》，它是典型的构成主义风格作品，并且带有高度的政治性和革命隐喻性，红色代表布尔什维克党的革命力量，白色和黑色代表反动势力，这种手法在当时的俄国社会引起了强烈反响。《主题》杂志是当时探索新艺术与设计的论坛，一大批俄国构成主义设计师为其设计了封面，如图 2-18 所示，代表了新时代的新主题与新风格。

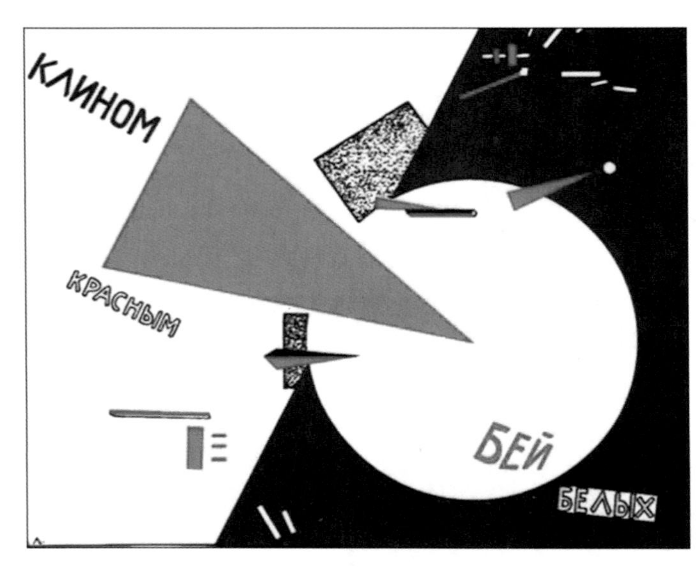

图2-17　海报《用红色的楔子攻打白军》
（来源：v2tn 网，http://v2tn.com/content/163384785368156）

图2-18　1922年第3期《主题》杂志的封面
（来源：站酷网，https://www.zcool.com.cn/article/ZMTI4NDAyOA%3d%3d.html）

李西斯基与阿普共同设计的书籍《艺术的主义，1914—1924》的版式被视为俄国当时最有影响的平面设计之一。通过这本书，李西斯基找到了后现代主义版面设计的基本形式和规律：封面和扉页横三栏，书籍内页竖三栏的编排，具有强烈的秩序性，整本书索引明确，如图 2-19 所示，插图排列简洁而规则，清晰易读。在这里，构成主义的结构与形式最终服务于功能。

二、荷兰的“风格派”

第一次世界大战后，一大批知识分子与艺术家来到了荷兰，其中一些画家、设计师和建筑师组成团体，互相交流，从事艺术探索。维系成员间的纽带是一本名为《风格》的杂志，荷兰风格派因此得名。荷兰风格派与俄国构成主义运动并驾齐驱，它虽然没有后者那么明确的政治激进，但也具有浓厚的社会工程倾向。他们认为内在的结构与规律应该基于科学理论、机械化大生产与现代都市生活节奏这 3 个基础，外部表现为简单的、理性的、纵横直线形式的、数学统计的和单纯的原色计划。

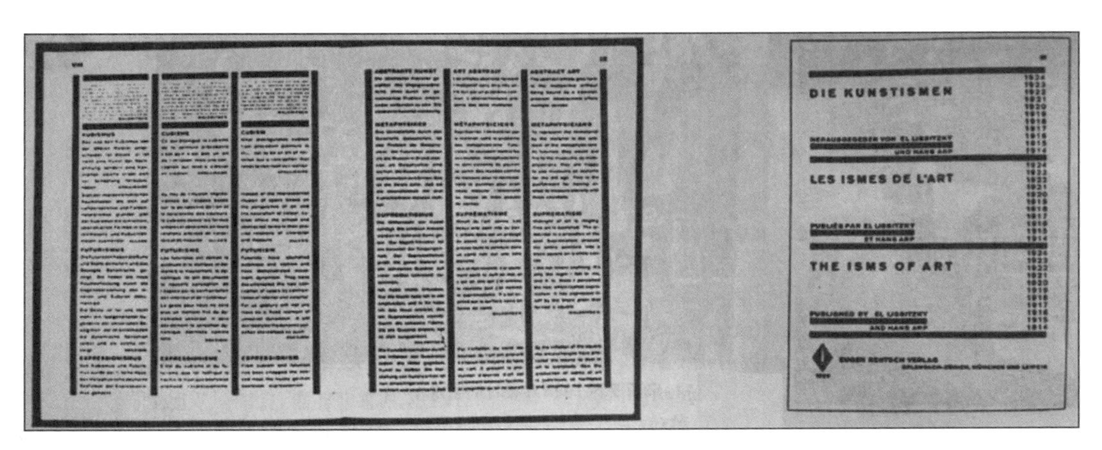

图2-19　李西斯基和阿普为《艺术的主义，1914—1924》设计的版面
（来源：王受之．世界现代设计史．北京：中国青年出版社，2002:180）

西奥·凡·杜斯伯格率先把这种风格带到书籍与版面设计中，设计了一系列的作品，它们都具有鲜明的特征：简单的纵横编排方式，字体采用无装饰线体，除了几何图形外无其他的装饰，追求非对称之中的视觉平衡，采用基本的原色和中性色。这种高度理性的编排方式使他的书籍具有高度的视觉传达特点，杜斯伯格本人在后来的设计探索中也越来越倾向于“减少主义”，逐渐成为国际主义运动的奠基人之一。

三、包豪斯

包豪斯设计学院于 1919 年由德国著名的建筑家沃尔特·格罗佩斯在德国魏玛市成立，是世界上第一所设计教育学院。在十多年的发展历程中，这里集中了欧洲对于现代主义设计的探索与实验成果，并对之加以完善，形成了新的“现代主义设计体系”。包豪斯的设计风格体现在版面设计上表现为以下几个特征。

（1）明确版面设计的目的在于准确地传达信息，而非装饰与美化。

（2）简洁的版面编排风格，结构严谨，追求非对称平衡。

（3）后期，利用网格进行版式设计，使设计更加秩序和严谨。

（4）字体上采用无装饰线体取代了德国当时流行的“哥特体”，无装饰线体、小写字母书写使视觉传达更加简洁。

（5）完全不采用任何传统的装饰风格，版面具有强烈的时代感。

（6）摄影的作用得到强调，并取代绘画应用到版式设计中。照片剪贴是常用的设计手段。

莫霍里·纳吉是魏玛时期的包豪斯在书籍与平面设计上的先锋人物，他本人受俄国构成主义的强烈影响，把理性与功能带入包豪斯的教学体系。莫霍里·纳吉是率先采用照片拼贴和抽象摄影技术的先锋之一，他的作品往往具有强烈的时代感，从日常生活中提取细节，抽象放大，运用显微、鸟瞰等方法，拼贴在版面中，营造出现代感。

图 2-20 所示为莫霍里·纳吉设计的包豪斯展览目录，是包豪斯与欧洲第二次世界大战前形成的现代主义平面设计风格的完整体现。

另一个代表人物是包豪斯在迪索时期的赫伯特·拜耶，他主要的成就与贡献是创造了简练的“通用体”——无装饰线字体系列，后来进一步发展，创造了“拜耶体”，成为包豪斯字体的象征。图 2-21 所示为赫伯特·拜耶设计的一种无装饰线字体。

图2-20 莫霍里·纳吉设计的包豪斯展览目录

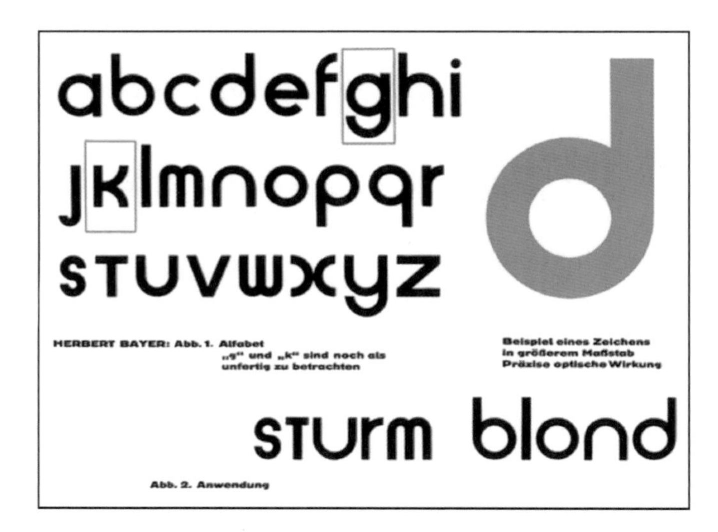

图2-21 1925年赫伯特·拜耶设计的一种无装饰线字体

（来源：网易网，https://www.163.com/dy/article/DRQUPF8V0521S844.html）

四、国际主义平面设计风格

“瑞士平面设计风格”形成于 20 世纪 40 年代，伴随着国际贸易的剧增，其设计风格得到推广与普及，成为第二次世界大战后几十年间国际最流行、影响最大的设计风格，一直到 20 世纪 90 年代仍经久不衰，其又被称为“国际主义平面设计风格”。

国际主义平面设计风格以方格网络为设计骨架，设计师把文字、图形、照片、页码等丰富的设计元素有效地安排在这个框架中。网格依据不同的数学原理绘制而成，设计师从各种各样的网格类型中选择他所需要的类型，如对称式、非对称式、复合式、组合式等。

网格给设计带来了秩序感和协调性，被安排好的版面往往简单、明确、标准和规范，这不仅提高了平面设计操作的效率，对国际化的传播目标来讲也是非常适合的。这种风格的另一核心组成部分是无装饰线体的采用，Univers 和 Helvetica 字体从 20 世纪 50 年代开始使用并不断得到丰富与发展，Helvetica 字体直到现在也是最流行的无装饰线体。

马克斯·比尔是国际主义平面设计风格的先驱之一。他的设计也是以方格网络作为基础，以数学和几何比例编排版面，把各种设计元素与内容以理性的方法安排在版面中，为统一的风格服务。图 2-22 所示为马克斯·比尔的海报作品，他的设计作品仍然在方格网络中进行。在他的设计中，照片往往以菱形的方式分布在网格中，形成箭头一般的指向性，与纵横排列的文字组合，视觉效果简洁有力。

约瑟夫·穆勒·布鲁克曼在 20 世纪 60 年代逐渐成为国际主义平面设计风格的精神领袖，他在设计上主张以传达功能为最高目的，认为设计既要有强烈的时代感，又要有高度的视觉传达功能性。他善于使用摄影资料，所设计的一系列平面作品生动、效果强烈、主题突出，如图 2-23 所示。

五、纽约平面设计派

第二次世界大战期间，大批的艺术家与设计师为躲避战火来到美国，也带来了欧洲的现代主义平面设计风格与思想。于是，在 20 世纪 40 年代前后，各种设计实验在纽约发生。美国在接受欧洲现代主义风格的同时，也依据自己的特色与需求对之进行改良，逐步在纽约这个聚集了最大数量设计师群体的地方形成了自己独特的设计风格，被称为“纽约平面设计派”。

图2-22　马克斯·比尔的海报作品
（来源：花瓣网，https://huaban.com/boards/46754455）

图2-23　约瑟夫·穆勒·布鲁克曼的海报作品
（来源：花瓣网，https://huaban.com/pins/707594862）

纽约平面设计派的思想精髓：把美国人的乐天、自由与轻松融入欧洲的理性与秩序中，为最终的传达目的把各种设计元素和谐地组合在一起，同时重视设计的功能与经济效应。

保罗·兰德是纽约平面设计派最重要的奠基人和开创者，他的一系列设计实践与实验基于对欧洲与美国两种设计的深刻了解与掌握，代表了当时美国最高的设计水平。他的设计既遵循功能主义，具有严谨的结构与逻辑、秩序性，也强调强烈的视觉效果、生动性与戏剧化。图 2-24 所示为保罗·兰德所做的一系列海报和广告设计。保罗·兰德把照片拼贴的图形、绘画插图或简单明确的文字标题，活跃而井然有序地排列于版面之间，明快的补色的使用，照片拼贴和大色块的结合使用，使版面富有强烈的吸引力和视觉趣味。

图2-24　保罗·兰德的一系列作品
（来源：花瓣网，https://huaban.com/boards/39602779）

另外一个重要人物是索尔·巴斯。他把简单、抽象的图形带入设计中，并与动态的音响效果结合，打破了传统的格局。1955 年，索尔·巴斯设计了电影《金手臂的人》的电影海报与电影片头，完全抛弃了以演员肖像为中心的设计风格，仅运用抽象、洗练的纵横线条，具有强烈的象征性。而在他设计的电影片头中，经典的白色线条与黑色背景暗示了毒品和主人公复杂的内心世界，也透露出电影本身的阴暗背景，如图 2-25 和图 2-26 所示。

图2-25 《金手臂的人》电影海报
（来源：DMA Cargo Gallery，http://users.design.ucla.edu/~cariesta/designhistory/modamer/posterbass.jpg）

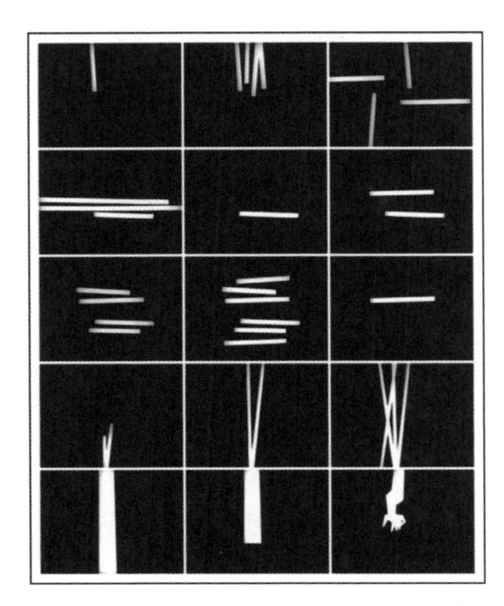

图2-26 《金手臂的人》电影片头
（来源：FANPAG，https://favpng.com/png_view/alcatel-onetouch-1016-alcatel-mobile-handset-samsung-galaxy-nokia-png/SKYjEEe1）

20 世纪五六十年代是纽约平面设计派的鼎盛时期，在这一时期涌现了一批著名的设计师，如奥托·斯托奇、亨利·沃尔夫等。他们把摄影这一平面设计的元素凸显出来，在杂志设计中当作设计手段使用，使版面具有强烈的视觉吸引力，从而促进了杂志销售，同时运用夸张、对比、留白等手法，体现了美国乐天、幽默、活跃的风格与欧洲现代主义风格的结合运用。图 2-27 所示为亨利设计的 *BAZAAR* 杂志封面，摄影作品与文字的结合，字体尺寸大小的强烈对比使整个版面生动、新颖、活泼。

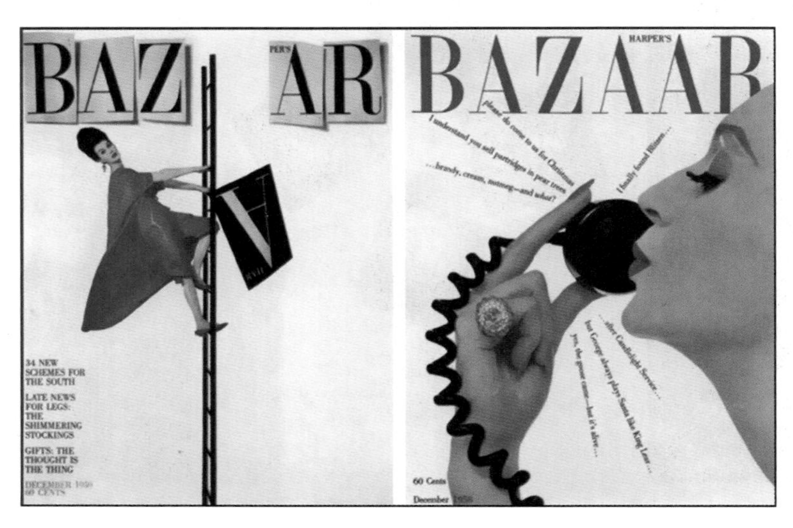

图2-27 *BAZAAR*杂志封面设计
（来源：花瓣网，https://huaban.com/pins/1227320014）

第三节　后现代主义版式设计

后现代主义风格在时间上是现代主义风格之后出现的设计风格，它不是现代主义与国际主义的延伸与发展，也没有完全推翻这两种风格，它顺应的是当时社会和市场出现的新的需求，把人文、历史性的内容与装饰性元素加入到设计中。

从 20 世纪 60 年代末期开始，后现代主义风格在平面设计上就开始出现了，提西、奥斯玛特和盖斯布勒三人是开创这一种风格的重要人物，作品如图 2-28 和图 2-29 所示。后来又出现了两个非常重要的后现代主义设计流派——“新浪潮”平面设计运动和孟菲斯风格。

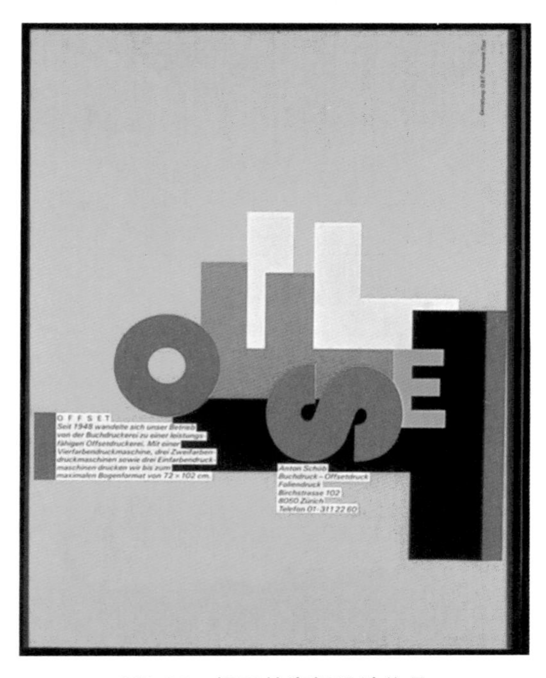

图2-28　提西的海报设计作品

（来源：站酷网，https://www.zcool.com.cn/article/ZMTE4OTgwMA==.html?）

图2-29　奥斯玛特的海报设计作品

（来源：站酷网，https://www.zcool.com.cn/article/ZMTE4OTgwMA==.html?）

“新浪潮”是 20 世纪 70 年代在美国成立的后现代主义平面设计集团，它的出现启发了整个设计界，为设计师开拓了新的思路，重要成员有沃尔根 · 维纳特、艾谱里尔 · 格莱曼和威利 · 孔茨等人。

沃尔根 · 维纳特的设计在理性的布局中增加了平面的趣味与韵味，文字的编排也不完全依据网格分布，同图片、图形一起解构、重组，使版面不再刻板、单调。他在后期开始运用制版照相机作为工具对版面进行再加工，使作品充满了超现实主义扑朔迷离的韵味。

艾谱里尔 · 格莱曼将摄影在设计中的应用带入了一个新方向。艾谱里尔 · 格莱曼善于利用编排上的技巧（图形的重叠、指示性的线条）营造空间透视感，并且把摄影素材巧妙地安排在版面中，更加深了版面的立体感与空间感。图 2-30 所示为艾谱里尔 · 格莱曼的海报设计作品。

威利 · 孔茨的设计已经完全舍弃了方格网络，他的设计中平面布局是自由的，纯粹为内容与信息的传达服务，内容决定了版式设计的风格与形式。他的设计作品中，字体的大小、行距、字距、疏密、图形的象征性使用都成为设计手段，为营造一个具有强烈的功能性又不失美感的版面服务，图 2-31 所示为他设计的一张典型风格的作品。1978 年，他设计的一张摄影展海报被视为平面设计中后现代主义的开端。

图2-30 艾谱里尔·格莱曼的海报设计作品
（来源：字由网，https://www.hellofont.cn/newsdetail?id=229329）

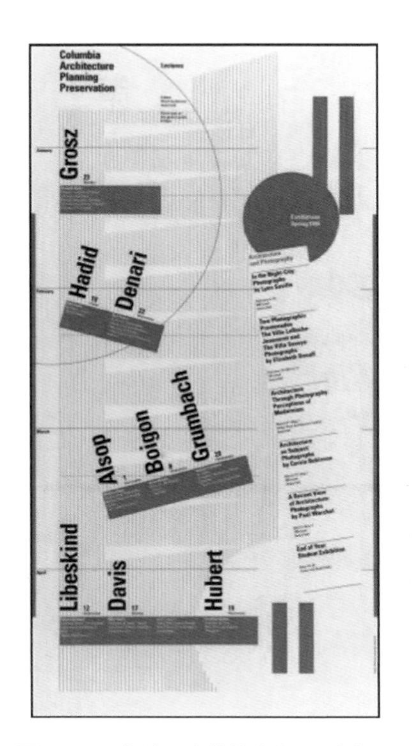

图2-31 威利·孔茨的海报设计作品
（来源：Книги网，https://www.bibliotika.ru/books/1454）

另一个重要的后现代主义设计集团就是20世纪80年代诞生于意大利米兰的"孟菲斯"设计集团。孟菲斯的平面设计与他们所擅长的产品设计一样，怪诞、浪漫、色彩炫目。他设计的作品有时候是毫无意义的，甚至是违反功能目的的，只是个人的艺术观点与思想的表达。在这里，设计的中心是形式而非功能，国际主义风格完全被掀翻了。

孟菲斯这种典型而又极端的做法引起了世界的注意，也导致了20世纪80年代以后世界平面设计界追求形式、非功能化的风格的流行与泛滥。图2-32所示为孟菲斯风格的书籍封面设计作品。

图2-32 孟菲斯风格的书籍封面设计作品
（来源：豆瓣网，https://site.douban.com/218231/widget/photos/14574574/photo/2109739682/）

第四节　版式设计的发展趋势

一、国际化与多元化

随着国家间的沟通与交流日趋增加，对视觉传达的同一要求，使得国际主义风格成为全世界的视觉语言。不可否认，这给人们带来了信息传达的便利，降低了沟通的成本。然而，它也造成了设计民族性的缺失甚至消失。设计是文化的组成部分，设计的个性也从中而来，脱离了民族、地域与文化的设计只空留了形式的躯壳，没有根基。

如今，东西方文化日益交融，设计也在新的形势下出现了统一之中的变化。在现代平面设计作品中，把不同民族图像进行再组合，力求把所有新的因素考虑在内，设计描绘面尽可能宽广，以达到传递多样性文化信息的目的。很多设计师扎根于自己的文化土壤，找到自己的特点与风格，采取补充、丰富与诠释的方式对国际主义风格刻板的面孔进行改良。

《传家》是我国台湾地区的姚任祥女士做的一套书籍。姚任祥把 2000 年来中国文化中饮食起居的种种细节、生活智慧用图说的方式展现在纸与电子媒介上，以创新的手法整理了中华民族的文化遗产，是生活类图书的经典之作，如图 2-33 所示。

图2-33 《传家》内页版式

（来源：孔夫子旧书网，http://book.kongfz.com/187641/389272775/）

二、时空化设计需求

平面设计作品无论是通过眼睛观看还是用鼠标单击或手指触摸，在观看方式方面已大不相同，深入设计空间的方式也不同了，最主要的是速度变快了。

在经历二维程式化的设计之后，设计师在探索新的界面，力求打开新的思维空间。科技进步和全球信息化，从某种程度上缩短了时空差，人的想象随着时空概念的变化而延伸，平面设计也逐步从二维向三维到四维空间延展，设计图像的叠加、透视、错位、渐变等仿佛将我们带到立体思维的大空间，如图 2-34 和图 2-35 所示。在平面设计者跨入其他媒介设计过程中，超越二维设计是一个重要需求。

图2-34 2015年第七届中国国际海报双年展作品
（来源：新浪财经头条，https://cj.sina.com.cn/articles/view/2607584043/p9b6c932b027019gbw）

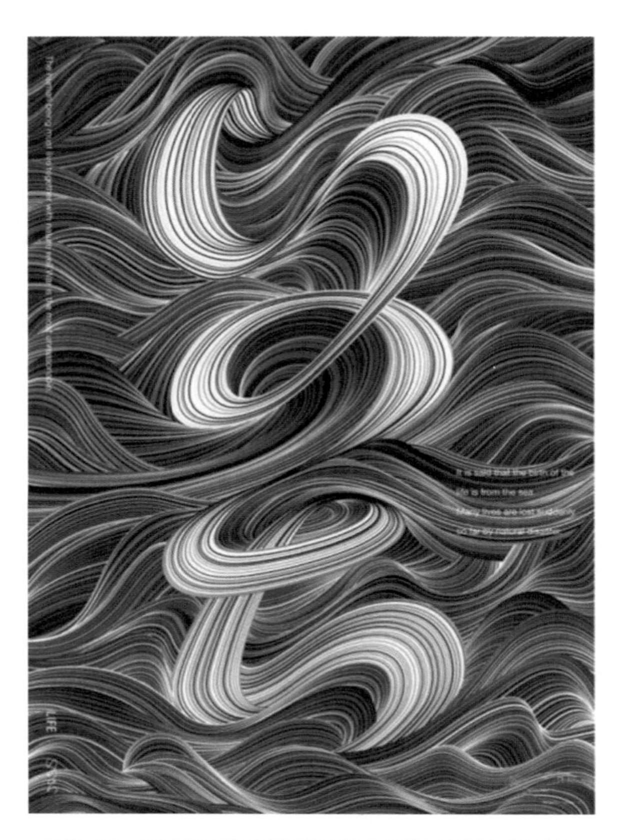

图2-35 2017年法国肖蒙国际平面设计双年展作品
（来源：创意在线网，http://www.52design.com/html/201607/design2016711114831_4.shtml）

三、数码与多媒体化

计算机硬件与软件日新月异的发展和在设计中的广泛应用给版式设计带来了前所未有的方便与快捷，加上摄影、激光扫描、打印输出等技术的发展与成熟，完全改变了版式设计的工作方式。人们能比以往更快速地完成工作，能融合多种手段进行以往难以想象的创意设计，并且在平面媒体的基础上，发展了声、光、画交叉的“多媒体”设计新范畴。版式设计的手段增多了，对象与领域也拓宽了。

在这个新的技术高速发展的背景下，创意与特点显得尤为重要，我们不能忽视在绚烂的技巧与画面背后，版式设计的核心仍然是视觉传达。过分依赖工具与技术的结果有可能就是设计的目的被忽视了。现在，有一些设计师在尝试着重新回归重视手工技法的阶段，突破计算机这一千篇一律的单调手法，做出更亲切、更有个人品位的作品，这也不失为一条新的途径。

《昆曲》书籍封面版式设计

设计任务及要求如下。

（1）在A4的版面中为《昆曲》进行书籍封面版式设计，文字形式、图形图像不限。

（2）设计需能表现昆曲作为中国最为古老的戏曲剧种之一，承载的中国传统文化的深邃内涵与中国人的价值取向。

该设计实训的榜样作品如图2-36所示。

图2-36 《昆曲》书籍封面版式设计作品

书籍版式设计

书籍设计包含开本、封面、版面、字体、色彩、插图以及纸张、印刷、装订等环节，如图 2-37 ～图 2-39 所示是具有一定特殊形式的书籍版式。

（1）封面（封皮、书面、前封面）：印有书名、作者、译者和出版社名。封面具有美化书籍和保护书芯的作用。封面应能有效传递全书的核心印象，反映全书的实质、内涵，同时又起到促销的作用。

（2）封底（底封）：右下方印书号和定价，期刊印版权页或印目录及其他非正文部分的文字、图片。封底设计务必简洁，避免多余之物。

（3）书脊（封脊）：连接封面和封底，一般印书名、册次（卷、集、册）、作者、译者姓名和出版社名，以便于查找。图 2-40 是一套三册书籍的书脊组合创意形式。

（4）书冠：封面上方印书名文字的部分。

（5）书脚：封面下方印出版单位名称的部分。

（6）扉页（里封面或副封面）：书籍封面或衬页之后，正文之前的一页。扉页上一般印有书名、作者或译者、出版社和出版年月等，起到装饰作用，增加美观性。

图2-37 特殊形式书籍版式设计（1）

图2-38 特殊形式书籍版式设计（2）

图2-39　特殊形式书籍版式设计（3）

图2-40　书脊设计

（7）护封：高度与封面相等，长度能包裹住封面、书脊和封底，并在两边各有一个向里折进的勒口，如图 2-41 所示。

（8）腰封（书腰纸）：书籍附封的一种形式，是包裹在书籍封面中部的一条纸带，属于外部装饰物。腰封一般用牢度较强的纸张制作。腰封上可印与该书籍相关的宣传、推介性文字，腰封的主要作用是装饰封面或补充封面的表现不足，一般多用于精装书籍如图 2-42 所示。

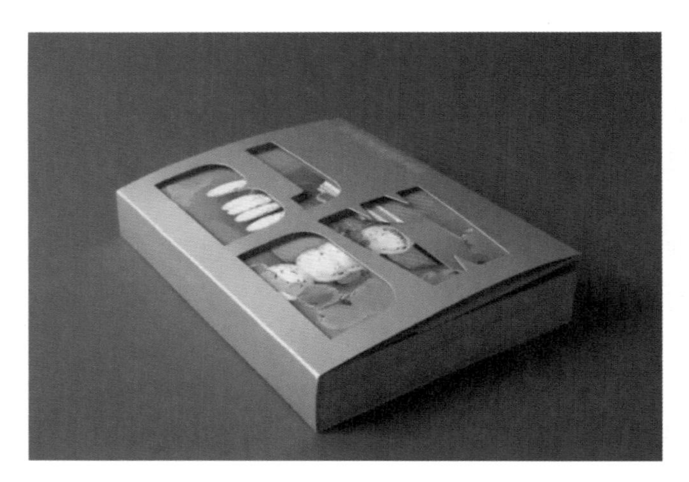

图2-41　镂空的书籍护封设计

图2-42　书籍腰封设计

思考题

1. 在中国古代的文字版面设计中，有哪两种传统版式对现在的版式设计产生了重要而深远的影响？
2. 包豪斯的设计风格在版面设计上的表现特征是什么？
3. 后现代主义版式设计后来又出现了哪两个非常重要的设计流派，分别概述其设计风格？
4. 版式设计的发展趋势如何？

第三章

确定版面的整体格局

学习要点及目标

(1) 了解常见的版式设计类型。

(2) 掌握各种不同版式设计类型的特征。

(3) 熟悉运用每一种版式设计类型。

本章导读

任何一个版面都由各种设计元素组成,这些元素包括图片、文字、图形、符号等。它们或呈一定的规律出现在版面中,或完全自由随机排列,形成了我们所看到的各式各样的版面。设计师在做版式设计时,也经常出于各种考虑采用不同的版面形式来传达信息,我们不禁要问:版面设计有其自身的规律吗?如何处理版面的格局,选择合适的版式设计类型来使用?下面将介绍常见的版式设计类型。

第一节 版式设计类型

一、满版型版式设计

满版型版式主要以图像为诉求来传达信息,图片充满整个版面,视觉冲击力强,传达效果直观而强烈。满版型是商品或品牌广告常用的形式,把产品或图像放大,吸引人的注意力,最终达到宣传和促销产品的目的。文字在满版型版式中根据版面的需要,配置在上下、左右或中部的图像上,整个版面层次清晰、传达信息准确、大方而疏朗。

图 3-1 所示为一幅吸烟有害健康的公益广告,广告画面中以人物为主体,香烟烟雾飘过的半侧脸显得衰老,对比强烈、直观,让观者感受到吸烟对人容貌的改变,唤起对自身健康的关注,远离烟草。

二、分割型版式设计

分割即把整体分成部分，分割也是版式设计中的重要手法之一，它能清晰地表现版面由几部分内容构成及其各部分的大小与层次。分割型版面灵活多变、重点突出，图文搭配均衡协调，表现出一种灵活又活跃的版面效果。通常设计师会根据内容的需要或者传达的风格与氛围来选择不同的版面分割方式，下面介绍 5 种常见的分割方法。

第一种是上下型分割。把整个版面分为上下两个部分，在上半部或下半部配置图片，另一部分则配置文案。配置有图片的部分感性而有活力，而文案部分则理性而静止。上下部分配置的图片可以是一幅或多幅。图 3-2 即运用了这种分割手法，上半部的图片直接、鲜明地揭示了文章的主题，配以下半部的文字进一步阐述，上下两部分产生了强烈的动静对比。

图3-1　公益广告中的版式设计
（来源：百度，https://baijiahao.baidu.com/s?id=1641666788798879139）

图3-2　上下分割型版式（1）
（来源：湖南日报三湘都市报 http://epaper.voc.com.cn/sxdsb/html/2011-04/15/node_35.htm）

第二种是左右型分割。即把整个版面分割为左右两个部分，分别在左或右配置文案。由于视觉习惯上的问题，左右型分割两部分往往会形成强弱对比，造成视觉心理的不平衡，看起来似乎不如上下分割的视觉流程自然。但是，可以采用分割线虚化处理的方法，或者用文字进行左右重复或穿插，左右图文则变得自然和谐。

图 3-3 所示为 *WOUND* 杂志版式设计。采用左右分割型版式，左边的图片中人物效仿了梦露经典照动作，并且为避免与右边的文案并置而显得过于生硬，下半部分裙摆夸张飘逸到右侧，打破呆板，增强版面的韵律感。图 3-4 所示是某报纸的版式设计，内容为楼市的半年报，采用的也是左右分割型的版式。房屋的插画契合主题，而巧妙运用插画中最大面积的灰色块来做左右分割，把文字安排在其中，使之融为一体，流畅和谐。

RÓISÍN MURPHY

Formerly the face of revolutionary collective Moloko, Róisín's latest solo album - Overpowered has been our soundtrack for this season. And overpowered she is: by new beats of creativity, that know no limits in sight or sound.

图3-3　左右分割型版式（1）

（来源：设计之家，https://www.sj33.cn/article/bssj/200811/18073.html）

2010长沙楼市半年报(上)

新长征路上的摇滚

图3-4　左右分割型版式（2）

（来源：新浪图片，http://slide.news.sina.com.cn/c/slide_1_16121_13302.html#p=5）

第三种是等形分割。两部分或者各部分分割形状完全一样，视觉上达到均衡、稳定、大方而典雅的效果。上面提到的上下型分割和左右型分割既可以是等形分割，也可以是非等形分割。

第四种是比例与数列分割。把数学的比例与数列关系蕴藏在版面中，呈现出一种具有强烈秩序感、明朗、清新的版面。最常用的分割法有三分法、数学式逻辑、黄金分割定律。三分法是一种简单的数学方法，三个块面之间展现出一种内在的对称关系，它也是一种等形分割。数学式逻辑是以数学体系为基础确立间隔的另一种比例方法，例如，奇数比（1∶3∶5∶7）和倍数比（1∶2∶4∶8∶16）。图3-5（中）所示即是以第二种数学体系“倍数比”作为依据的版面分割。

著名的黄金分割定律反映的是一个正方形和一个矩形的关系。黄金分割长方形的本身由一个正方形和一个黄金分割的长方形组成，可以将这两个基本形状进行无限的分割，如图3-5（右）所示，由于它自身的比例能对人的视觉产生适度的刺激，其长短比例正好符合人的视觉习惯，因此使人感到悦目。三分法分割版式是设计中常用的方法之一，如图3-6所示。

第五种是自由分割。不同于比例分割的整齐与规律，自由分割版面是将版面不规则、无限制地自由分割，使版面产生活泼、生动的效果。

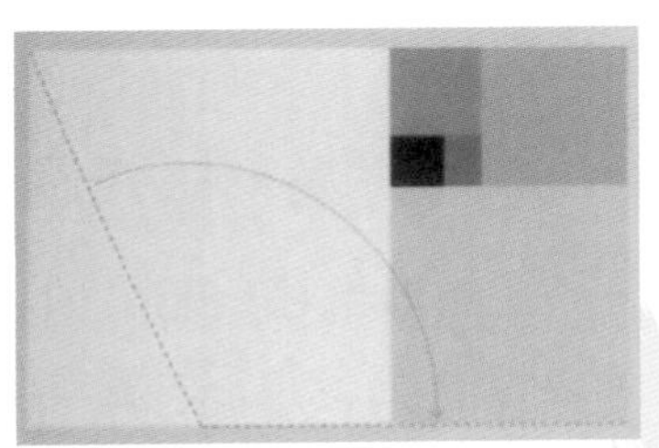

图3-5　三分法（左）、数学式逻辑（中）、黄金分割定律版式分割（右）

三、倾斜型版式设计

斜线，或者说是斜着的物体，似乎天生有一种张力。设计中的元素，其倾斜所表现出的视觉张力是视觉心理上的延伸力而非物理上的。当页面过于平均，画面平平毫无亮点时，打破平均尤为重要。打破平均的方法有很多，而倾斜型版式设计似乎是设计中惯用的一招。这是一种具有强烈动感的构图，把图中要素或主体呈倾斜状放置，使人产生一种不稳定的感觉，引人注目，同时阅读者的视觉流程也随倾斜角度而流动。倾斜型版式通常使用在广告、海报或者一些出版物的封面上，用强烈的视觉冲突使平静的阅读产生视觉跳跃，而引起读者的关注。

在实际设计这一类型的版面时，需注意到版面是否留有足够的空间来排列倾斜的元素。另外，版面内的元素不宜过多，为了照顾读者的阅读舒适性，每一行的文字长度也要尽量缩短。倾斜版式的设计思路有两种：协调型和冲突型。视觉元素朝一个方向旋转，所有元素阅读时都是一个导向，这样会形成一种协调感。

如图 3-7 所示，斜线的张力让整个页面富有动感和延伸性，既可为页面起到修饰的作用，又能作为信息的承载模块，两者有机的融合并没有让人觉得倾斜的标题不好识别或者有碍阅读，反之更能让整个页面富有形式感和表现力。如果把顺时针方向旋转和逆时针方向旋转的元素组合在一起，这种构成会更复杂和有趣，导向的冲突也增加了视觉冲击力。

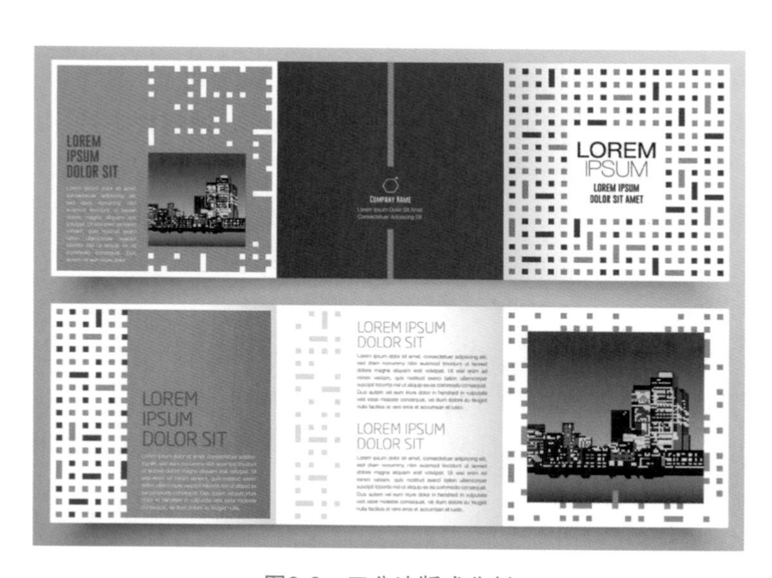

图3-6　三分法版式分割

图3-7　倾斜型版式设计

（来源：花瓣网，https://huaban.com/pins/2392915560）

四、三角形版式设计

三角形相对于圆形、四方形等图形，自古以来被认为是最具有安全稳定因素的图形。因此，应用在版面设计中，正三角形的版式自然给人以稳定、安全、值得信赖的感觉；同时正三角形版式的重心偏低，也符合人们的视觉流程特点与预期，更加强了这种稳定感。与之相反，倒三角形版式则给人以动感和不稳定感。三角形版式如图 3-8 所示。

（来源：花瓣网，https://huaban.com/pins/722002028）

（来源：花瓣网，https://huaban.com/pins/470288510）

图3-8　三角形版式

图 3-9 所示是欢乐谷的平面广告，欢乐谷的各项游乐设施被集中安排在一个三角形的山坡上，与背景的蓝天结合，营造了一个阳光下欢乐的乐园场景。上部两条边交会的位置是欢乐谷的 LOGO 和主题文案。正三角形版式的运用既契合了内容，又在形式上使广告的重点突出，主题鲜明。

如图 3-10 所示，冰激凌品牌“梦龙”则选择了倒三角形版式作为系列广告——冰激凌礼花的结构形式。爆炸成花形的巧克力与奶浆加上缤纷的色彩让人自然联想到冰激凌在舌尖融化给人带来的味蕾上的享受与愉悦，倒三角形版式视觉中心在上部，给人以轻松、愉快，视觉上扬升的感觉，更加深了欢乐的氛围。

图3-9　正三角形版式

（来源：查字典教程网，https://jiaocheng.chazidian.com/news47676/）

图3-10　倒三角形版式

（来源：花瓣网，https://huaban.com/pins/678704199）

五、曲线型版式设计

直线和曲线是决定版面形象的基本要素。直线给人以单纯、硬朗、庄严的感觉。曲线给人以丰富、柔软、流畅的体验，非常具有人性化的趣味特征。曲线型版式在版面结构上作曲线的编排构成，插图与文稿依附曲线骨架排列，产生一定的节奏和韵律。这种编排方式富有生气和趣味，人的视线随着画面中各元素的分布走向而流动，给人以充满动感活力的感觉，也有效地中和了网格设计的理性和模式化的特征。曲线型版式根据不同的内容与处理方式，能营造出柔美、优雅、节奏、舒展、动感等不同感觉。

在图 3-11 中，曲线特有的悠扬婉转像音乐一样富有节奏，富有生命力的曲线、生动有趣的插图使版面轻松、活泼。图 3-12 中曲线造型的插图风格与书写文字同时斜向排列，更增添动感与活力。

图3-11　曲线型版式设计（1）
（来源：花瓣网，https://huaban.com/pins/98639638）

图3-12　曲线型版式设计（2）
（来源：LOGO 网，http://www.lg5.com/read-htm-tid-129293.html）

六、自由型版式设计

自由型的版式设计是指版面中无规律的结构，各元素自由、随意地组合排列。这种版式设计类型没有网格的约束，追求自由的编排方式，在版面上常常呈现出活泼、轻快的效果。它打破常规，更利于某些设计创意的表达，常被用于个性化、风格化的设计中。如图 3-13 和图 3-14 所示。

通常，对版式类型的选择与要传达的内容与精神密切相关。尽管运用一些基本的版式设计类型可以帮助设计师在最快的时间做出正确的决策，又达到良好的传达效果。但设计是一项富于创新的工作，加之有的时候，基本的版式设计类型不符合设计师理想的视觉呈现方式，自由的版式设计（无网格设计）便适用于这种情况。

虽然自由可以使设计师拥有更大的发挥空间，并激发出更卓越的设计创意，但是如果不会控制，会做出无效果的设计。自由也不是绝对的，在设计师的头脑中，仍然有某些经验与准则在指导着他的设计工作。

自由版式具有以下 5 个基本特点。

（1）版心无固定的疆界，既不讲究严谨对称，也不受条块分割所限。字体、图形、内容随心所欲自由编排，排列多并且富于变化，这类作品往往具有强烈的个性和独特性。

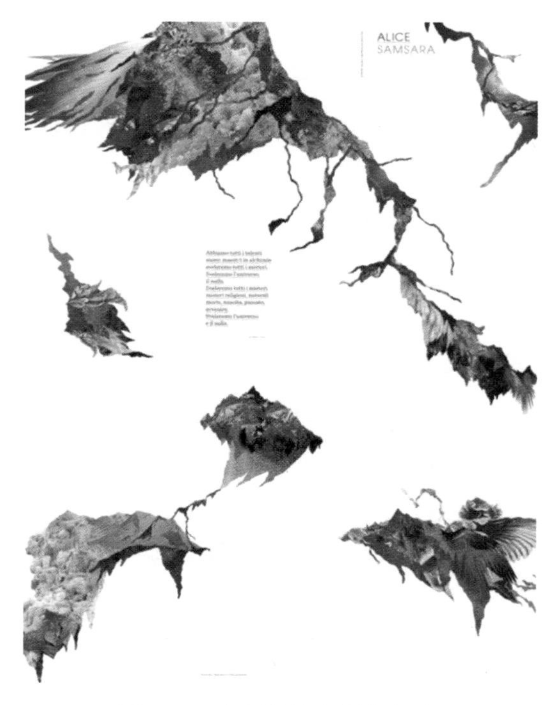

图3-13　自由型版式设计（1）
（来源：设计中国网，http://www.sheji-china.cn/plane/1630_2018.html）

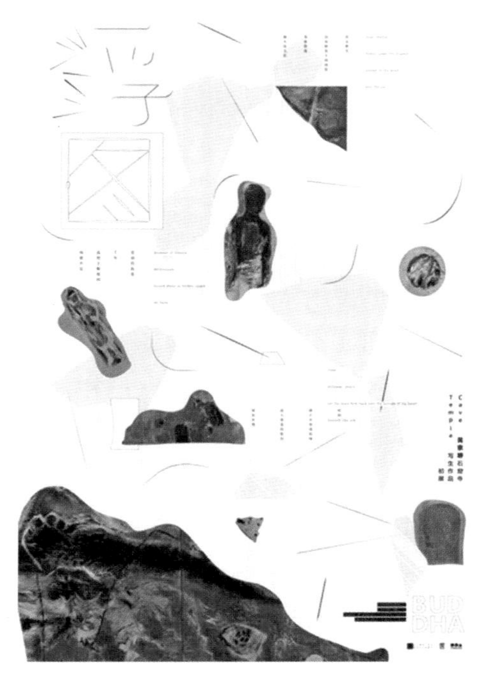

图3-14　自由型版式设计（2）
（来源：第七届中国国际海报双年展，设计师：耿鹏）

（2）字图一体性。版式中的每一个字体、每一个符号都是画面中的排列元素，字体常常成为图形的一部分，即通常所说的字体图形。

（3）解构性。解构就是对原有古典和以数理为基础的排版秩序结构的肢解，是对正统版面的解散和破坏，它运用了不和谐的点、线、面等元素与破碎的文化符号去重组新型的版面形式。自由版式设计把解构主义理论运用到实际中，其本质与建筑中的解构主义一脉相承。

（4）局部的不可读性。应版式编排的需要和对形式美的追求，设计者认为读者无须读懂的部分，在处理手法上常常把字号缩小，字体虚化处理、重叠、复加，甚至用计算机字库中的数码符号来反映当代高度信息化的特点。

（5）字体的多变性创意空间。相较于古典与传统版式，自由版式设计更要求不断创造新型且富有现代感的字体以满足版面设计的需要。

第二节　其他类型版式设计

一、骨骼型版式设计

骨骼型版式设计也可称为网格型设计。在版式设计中，当需要处理信息量大而且样式复杂的作品时，设计师面对纷杂的信息，仅靠感性的判断与处理是很困难的。为了将丰富的设计元素合理又有效地安排在页面中，运用网格不失为一种高效的方法。

网格，从本质上来说，就是一件设计作品的骨骼，所以又把这一类型的版面称为骨骼型版式设计。骨骼型设计通常运用于网页与报纸、杂志等印刷品的设计中，它的基本原理是将重复性的画面运用骨骼（网格）分为不同的功能区域，使图形与文字的编排条理有序。网格的运用给设计带来了秩序感和结构感，它能够把繁杂并毫无关联的信息组织和连贯起来，使设计变得高效、规范而简单。

网格的类型各式各样，不同的网格为不同的内容与目的服务。有的网格适合用来处理复杂的图像与信息，有的却更适合处理大量的文字内容，设计师可以从中选择他所需要的网格类型。从形式上来讲，网格分为对称型、不对称型、模块型、复合型和对角 / 成角网格。从风格上划分，网格又可分为古典型、现代型、技术型、强势型、青年型与自然秀丽型网格。

分栏是骨骼型版式设计中最常见的一种垂直的结构形式。一个页面可以有一个或若干个分栏，分栏数量取决于页面文本元素的总量。在设计中，分栏的宽度与数量没有绝对的规则，常见的有竖向通栏、双栏、三栏、四栏和横向的通栏、双栏、三栏、四栏等，一般以竖向分栏为多。设计师对栏宽、字体、分栏数量、栏间空白尺寸的选择与把握会对整个页面的外观与易读性产生很大的影响。

有的页面看上去平静而优雅，有的页面则显得繁杂和凌乱。图 3-15 ~ 图 3-17 分别介绍了竖向通栏、竖向多栏以及单元化网格的形式，这些分栏像骨骼一样支撑起整个页面。图片和文字等设计元素严格地按照网格编排配置，营造出一个极度严谨、和谐与理性的版面。

图3-15 竖向通栏网格
（来源：the type，http://www.typeisbeautiful.com/2008/04/60/）

图3-16 竖向多栏网格
（来源：the type，http://www.typeisbeautiful.com/2008/04/60/）

图3-17 单元化网格
（来源：the type，http://www.typeisbeautiful.com/2008/04/60/）

虽然网格被运用于版面设计中的主要目的是条理化、秩序化，但网格并不是一个死板的、不容侵犯的设计工具，它只是为设计师提供了一个参考结构来引导各种设计元素的布局，设计师完全可以突破网格，运用比例差异、对比、层级关系等多种方法来创造出充满活力的作品。经过相互混合后的网格版式既理性、有条理，又活泼而具有弹性。

二、中轴型版式设计

运用中轴线布局文字与图形的方法在版式设计中经常用到，这大概也是中华民族传统文化精神的反映，从中国传统绘画与书法的基本训练中最常采用的“米字格”和“九宫格”，也可以看出中国传统文化对中轴线布局美感的认同与运用。

中轴型版式设计是指以版面中一条中轴线为基准，图形与文字或分布在中轴线上，或等量等距离对照、散点排列，中轴线起着明确或含蓄的主导作用。这一类版式具有良好的平衡感，给人以安定、均衡、庄重之感。但要想创造一种活跃的、富有生气的美的平衡，还需要在处理中轴线两侧各要素时引入对比、反衬、变化、运动等因素，丰富中轴线的美感形式。

中轴型版式设计可分为纵轴式和横轴式两种类型。图 3-18 所示是纵轴式中轴型版式设计的范例，整个版面以人物面部为中轴线，图片与色彩完全对称地分布在轴线两侧，只是在文字的细微处理上做了些对比。由此可得出，纵轴式是把各种设计元素基本对称地放在垂直的轴心线上或者两边，版面的中轴线可以是有形的，也可以是无形的。

横轴式则恰恰相反，将各设计元素做横轴方向的排列，文案以上下或左右配置，这种水平排列的版面往往给人稳定、安静、和平与含蓄之感。图 3-19 所示是一个横轴式中轴型版式设计，轴线是水平的，版面利用了图像的倒影形式，轴线上下分布的文字元素并未严格地对称排列，这种小变化给中规中矩的版面带来了一丝清新与文艺的气息。

图3-18　纵轴式中轴型版式设计
（来源：花瓣网，https://huaban.com/pins/1578083384）

图3-19　横轴式中轴型版式设计
（设计者：王爽）

三、对称型版式设计

对称是自然界中最常见和最重要的形式美规律。对称常代表着某种平衡、比例和谐之意，而这常常与优美、庄重联系在一起，对称规律的运用也常常给我们的工作与生活带来便利。

对称分为绝对对称与相对对称、上下或左右对称。同形、同色对称被称为绝对对称，绝对对称在心理上往往给人以庄严、隆重、大方、安逸和稳重的感觉，如图 3-20 所示。但如果处理不好，也会给人留下呆板和单调的印象。无论怎样杂乱的元素只要采用对称加以处理，就会带来秩序与平衡。

设计中，为了避免过于刻板，一般多采用相对对称手法。相对对称是一种宏观上的对称，而局部又有变化的对称形式，给人以庄重、整齐与和谐的美感。如图 3-21 所示，设计师在宏观对称的前提下，做了更为大胆的处理，对称的底图使版面看上去稳定，文字块的穿插又使画面充满了生气与灵动，冲淡了刻板和单调的感觉。

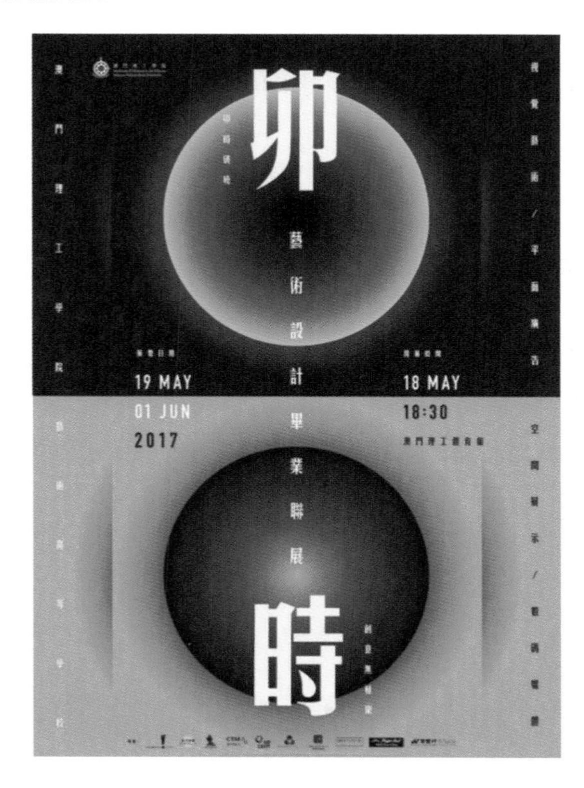

图3-20　绝对对称的版式设计
（来源：花瓣网，https://huaban.com/pins/3451518148）

图3-21　相对对称的版式设计
（来源：花瓣网，https://www.douban.com/group/topic/186585933/?cid=2587028560&_i=5785115aQnKdOx）

四、重心型版式

重心型版式中的重心有两层含义：一层含义是指将某一元素作为主体，直接地、轮廓分明地占据版面的中心和焦点，其他的元素则作为辅助，围绕在主体元素的周围，重点突出、主题明确；另一层含义是指版面中的图片、文字等元素的排列形成向心或离心的关系。

向心型的画面中，视觉元素都向版面中心聚拢，而离心型的版面则相反，犹如将石子投入水中，产生一圈一圈向外扩散的弧线运动，各元素也分布排列在弧线上或周围。这两种类型的重心型版式都会使画面产生视觉焦点，主题强烈而突出。

图 3-22 所示是典型的向心型的重心型版式。版面的主题是秋季时装的趋势，这从直接占据视觉焦点的模特图片上便可以清晰地捕捉到。除此之外，所有的标题与文字都属于第二层级，起着进一步解释说明的作用，这些完全符合重心型版式的特征。画面中，模特图片的排列都指向版面中心，犹如一个个箭头将人的视线引导到整个版面的核心区域，进一步强化了版面聚拢的趋势，同时又通过巧妙的排列使画面富有趣味性。

图 3-23 是一个离心型的重心型版式。其中，图 3-23（a）是利用手指透视加放射线形成画面离心效果，与“绽”这一主题紧紧相扣；图 3-23（b）是倾斜的视平线、文字与直升机构成的离心型的重心型版式，版面虽然色彩单一，却动感十足。

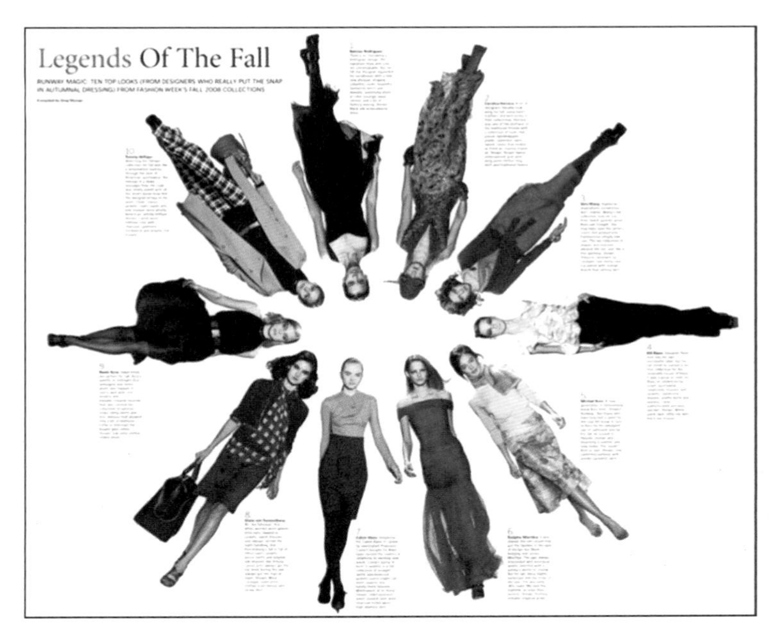

图3-22　向心型的重心型版式设计

（来源：花瓣网，https://huaban.com/pins/1164857619）

(a)

（来源：数英网，https://www.digitaling.com/articles/37054.html）

(b)

（来源：堆糖，https://www.duitang.com/blog/?id=26088055）

图3-23　离心型的重心型版式设计

五、并置型版式设计

并置原为一种修辞语言，就语言本身的词汇意义而言，是指两件事物并列放置和共同展示时的相互映照。现代艺术赋予了并置新的意义，并置并不是简单地把两个事物放置在一起，重要的是两者间的关系和从关系中折射出的价值与意义等。作者的观念不再凸显而是消退，从而使画面自己说话。

在版式设计中，将相同或不同的图片作并置重复排列，视为并置型版式设计。这一类版面有比较、详解的意味，有的更具强烈的解说感觉，因而多用于说明性的图文资料。运用并置型版式设计类型来处理多而繁杂的视觉元素时，能给予原本复杂喧闹的版面以秩序、安静、调和与节奏感，图 3-24 所示就是一个很好的例子。版面意在说明平时常吃的零食中的卡路里含量，以 100 卡路里为例，其对应多少份额的零食。并置型版式的运用使画面条理清晰、直观明了，读者可以一目了然地得出每种食物卡路里含量的高低，图片就是最好的说明，几乎不再需要数字补充，而且图片间也形成了直观的对比关系，更利于读者的理解。

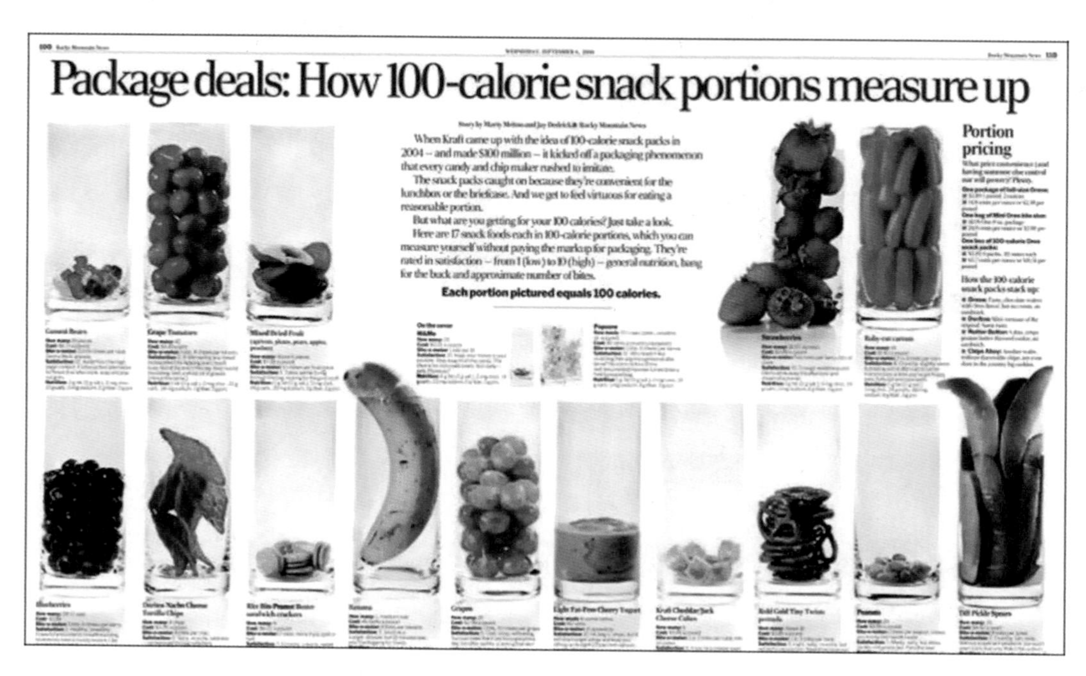

Package deals: How 100-calorie snack portions measure up

When Kraft came up with the idea of 100-calorie snack packs in 2004 – and made $100 million – it kicked off a packaging phenomenon that every candy and chip maker rushed to imitate.

The snack packs caught on because they're convenient for the lunchbox or the briefcase. And we get to feel virtuous for eating a reasonable portion.

But what are you getting for your 100 calories? Just take a look.

Here are 17 snack foods each in 100-calorie portions, which you can measure yourself without paying the markup for packaging. They're rated in satisfaction – from 1 (low) to 10 (high) – general nutrition, bang for the buck and approximate number of bites.

Each portion pictured equals 100 calories.

Portion pricing

How the 100-calorie snack packs stack up:

图3-24　并置型版式设计（1）

（来源：豆瓣网，https://www.douban.com/doulist/33332436/?sort=time&sub_type=11）

相同元素的并置与变异是这类版面常用的技法。图 3-25 所示为某品牌啤酒的广告，4 个相同的啤酒瓶并列放置，占据了整个画面，唯一的变化就是其中一个瓶子的瓶盖变成了奶嘴。原来这是一幅公益广告，宣传孕期或哺乳期女性饮酒对婴儿的伤害，体现了企业的社会责任。通篇广告没有更多的图片、文字和符号等说明，简单的并置与变异关系便深刻地阐释了主题，发人深省。

图3-25　并置型版式设计（2）

（来源：http://www.3lian.com/show/2010/08/3598.html）

艺术书籍内页版式设计

设计任务及要求如下。

(1) 为一本现代艺术设计书籍做内页版式设计，要求追求版面的现代感与艺术性，打破常规的、固定的版式设计方式。

(2) 版式追求整体格局的自由性与可变性，但又形成统一的风格，且具有内在的结构性。图片的排列方式不拘一格，文字、图片的排列根据具体内容自由变化。

该设计实训的榜样作品如图 3-26 所示。

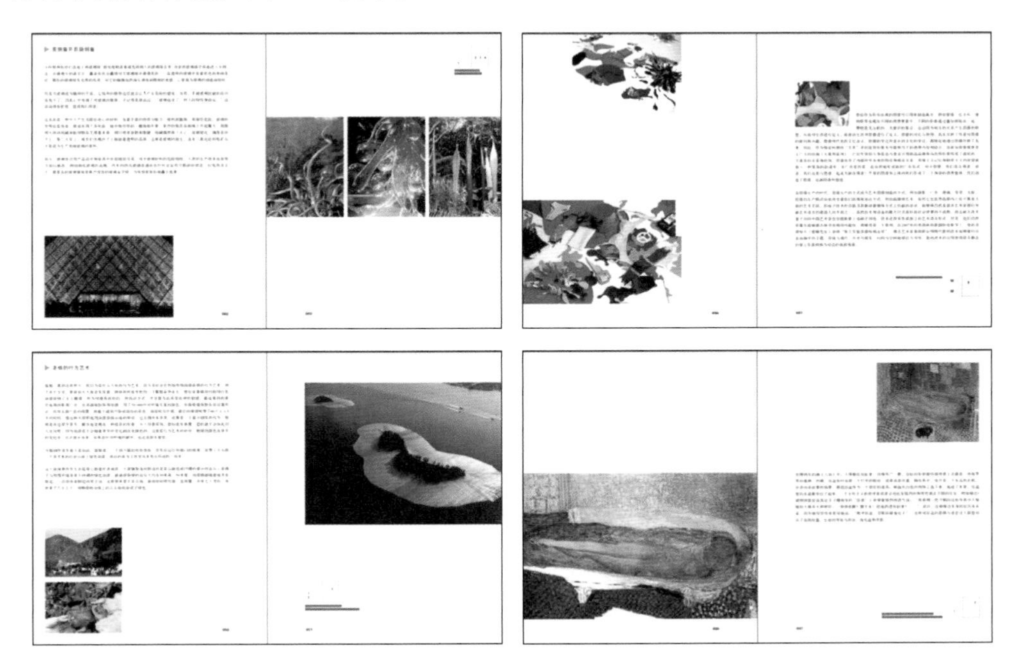

图3-26　艺术书籍内页版式设计作品

（设计者：许舒云）

书籍版式内页设计

书籍版式内页术语如下。

(1) 版心：每面书页上的文字部分，包括章（节）标题、正文以及图表、公式等。

(2) 版口：版心左、右、上、下的极限，在某种意义上即指版心。严格来说，版心以版面面积来计算范围，版口以左、右、上、下周边计算范围，如图 3-27 所示。

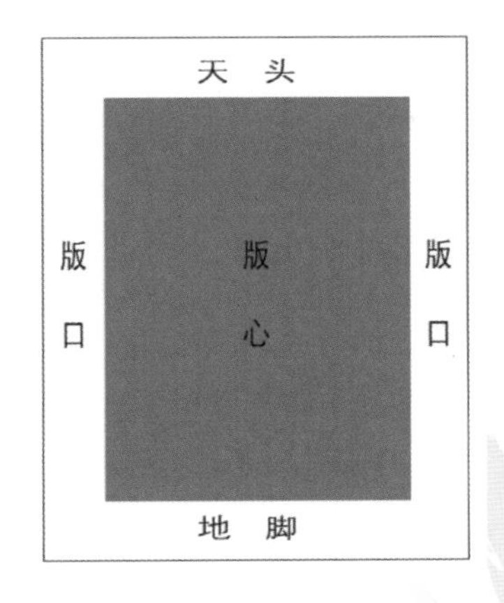

图3-27　版心与版口

(3) 超版口：超过左右或上下版口极限的版面。

(4) 直（竖）排本：翻口在左，订口在右，文字从上至下，字行由右至左，多用于古书，如图 3-28 所示。

(5) 横排本：翻口在右，订口在左，文字从左至右，字行由上至下，如图 3-29 所示。

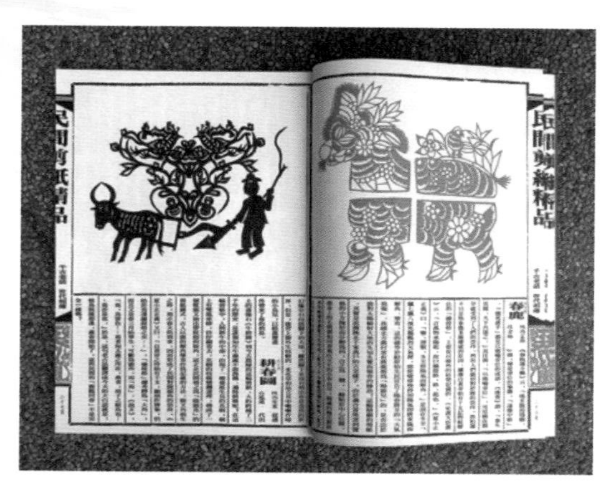

图3-28 竖排本

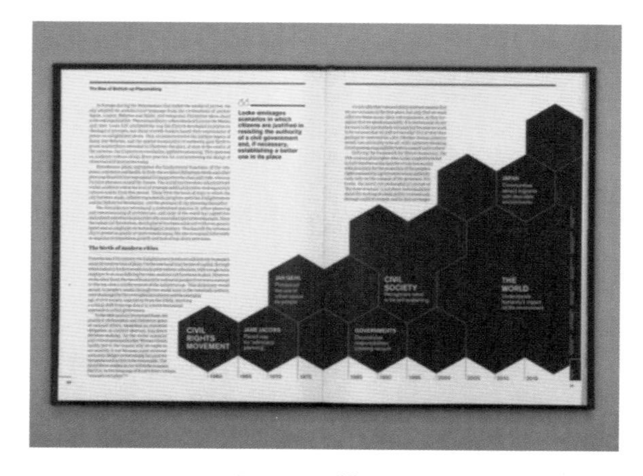

图3-29 横排本

（6）天头：书页上端空白。

（7）地脚：书页下端空白。

（8）页：与张意义相同，一页即两面。

（9）暗页码：不排页码而又占页码。

（10）插页：凡版面超过开本范围的，单独印刷，插装在书刊内，印有图或表的单页。有时也指版面不超过开本，纸张与开本尺寸相同，但用不同于正文的纸张或颜色印刷的书页。

思考题

1. 常见的版式设计的类型有哪些？
2. 自由版式具有哪些基本特点？
3. 版式设计中常见的分割方法有哪些？
4. 任选一幅版式设计的作品，说明其运用了哪种版式设计？其类型特征是什么？

第四章

版式设计的视觉流程

学习要点及目标

(1) 了解什么是版式设计的视觉流程。

(2) 认知人的视觉的感觉和知觉。

(3) 认知人的视觉特征与视觉流程的运动规律。

(4) 了解什么是视觉中心。

(5) 掌握视觉流程的艺术类型和设计的常用形式。

本章导读

版式设计的视觉流程是一种“空间的运动”,是视线随着各种视觉元素在空间中的运动轨迹。它利用视觉移动规律,通过合理的安排,诱导观者的视觉随着版式设计中各要素的有序组织,从主要内容、次要内容等依次观看下去,使观者有一个重点突出,清晰、迅速、流畅的信息接收过程。而这个视觉在空间中的流动线是“虚线”,故而常常被忽略。

对于设计师而言,视觉流程这个“流动线”是真实存在的,设计师根据人的视觉生理结构和对视觉形式的心理感知的分析,利用视觉元素的不同形式完成引导读者视觉阅读的过程。视觉流程是设计师进行设计时重要的科学依据,也是设计师专业素质的体现。

哪些是把握视觉流程的要素,如何让版式上不同层次的信息逐级呈现出来,如何有效利用现有的版式形式,如何把握视觉流程设计……都是这个章节要解决的问题,以便读者科学地掌握视觉流程中视觉因素和艺术形式,做出更多更优秀的版式设计。

第一节　视觉运动：感觉与知觉

马赫在他的著作《感觉的分析》一书中写到，我们看不到视觉空间中的视像，而是知觉到我们周围具有各种各样的感性属性的物体，并且看到局部的物象就可以感知到物体整体的感受。人的这种心理现象是人脑对客观现实的反映，客观现实是十分丰富多彩的，人的心理现象也是复杂多样的。感觉和知觉是比较简单但很重要的心理现象。

一、什么是感觉

感觉是人脑对直接作用于感受器的客观事物的个别属性的反映。人主要有 5 种感官：视觉、听觉、味觉、嗅觉、肤觉。人通过感官产生感觉。形象感觉是指外界的简单刺激激活了感觉器官中的神经细胞。例如有人在演奏乐器，可以激活耳朵中的细胞，因为我们感到了乐曲的声音；火苗的燃烧可以激活手上和脸上的细胞，因为我们感到了火的温暖；它还可以激发眼睛里的细胞，因为我们能感到火苗的舞蹈。

感觉是对刺激做出的低级物理反应，感觉单独作用不能产生任何意义。感官向大脑传递信息，大脑可以赋予它们意义。基于这些数据的结论几乎立刻就能形成声音、气味、温度、景象，共同被大脑解读成我们正在感受着的愉快体验。一句话，感觉是原始数据，知觉是接收感觉刺激后得出的意义结论。

据相关人员调查得知，在这 5 种感官的体验中，视觉的认知度高达 70%，也就是说我们所接受的大部分信息都可以通过视觉来间接感受。大脑对视觉信息的识别可以和其他感觉器官共同感知，就是所谓的形象感觉的感知。

人脑利用视觉接收的信息，可以等同于其他器官接收到的信息，这是一种普遍的心理现象。如图 4-1 所示，看到红色类似火焰起伏的场景，即使面前只是一张纸，人的皮肤好像也体会到了温暖的感觉，这就是通过视觉的可信度让观者感受到与肤觉相通的感受；同样，看到水的颜色和类似波浪起伏的形状，视觉信息与肤觉的感受也会有共同的感受。事实上，只要有类似的颜色，即使不遵从客观物体的形态，人们也能从视觉感觉到类似肤觉感知的色彩信息，如图 4-2 所示。

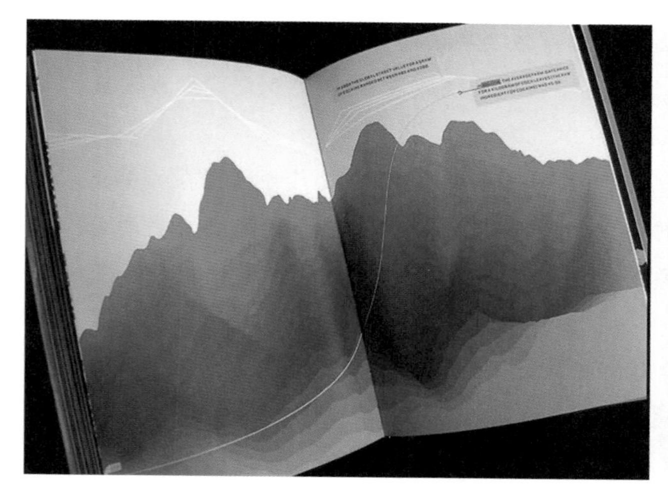

图4-1　英国Barnbrook工作室的书籍作品（1）
（来源：花瓣网，https://huaban.com/pins/92960911）

图4-2　英国Barnbrook工作室的书籍作品（2）
（来源：豆瓣读书，https://book.douban.com/subject/5250740/）

二、什么是知觉

知觉是人脑对直接作用于感受器官的客观事物的反映，但不是对事物个别属性的反映，而是对事物整体的反映。根据认知理论，视觉过程并不像生态学研究方法认为的那样，只是观者简单地目睹有光线结构的物体，而是它们积极地通过大脑活动达成一种知觉结论。

卡罗琳·布鲁默对视觉原理的研究确定了几种能够影响形象知觉的大脑活动方式：记忆、投射、期待、选择、适应、显化、失谐、文化和文字。知觉是各种感觉综合的结果，而不是个别的感觉元素相加的结果。在我们的实际生活中，客观事物直接作用于感受器官时，人们头脑中反映的不仅是事物的个别属性，同时反映了事物的整体，即在以感觉的形式反映事物个别属性的同时也反映了事物的整体。

例如，视线中有一朵花，人的大脑并非孤立地反映它的红色、香味、多刺的枝干……而是通过脑的分析与综合活动，从整体上同时反映出它是一朵玫瑰花。所以，在现实中我们对事物进行反映时，往往仅感觉到事物的个别属性，就能知觉到这一事物的整体。而不可能离开事物的整体去感觉它的个别属性，因而很少有纯粹的感觉。所以人们常常把感觉和知觉合称为感知觉。

感觉是构成知觉的基础，没有感觉就不可能有知觉。可是知觉比感觉复杂得多，不能把知觉归结为感觉的机械总和，各种感觉一经构成知觉，便有机地发生联系。知觉除反映事物的个别属性外，还反映事物个别属性之间的关系。例如，音乐曲调实际上是由许多单音组成的，一个曲调绝不是许多单音的简单拼凑，它听起来是完整的旋律。这是由于各个单音之间具有不同的关系，于是有机地组成了整体。由此可见，个别属性之间的关系在知觉过程中具有重要意义。

还有一点，知觉还包含其他一些心理成分。例如，过去的经验以及人的倾向性常常参与到知觉过程中，因而当我们知觉一个对象时，可以用词说出知觉对象的名称。对同样一个对象可以作出不同的反映。在图 4-3 中，设计主体形态是玉米的形态，产生的结构却在于它的组成，而不是原形，从而给观察者一个新的认知。

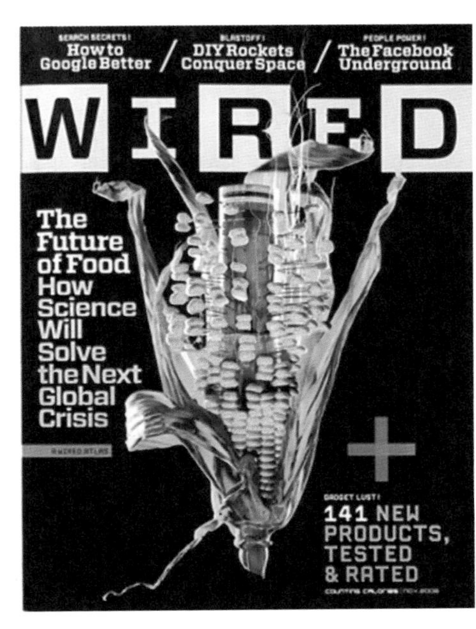

图4-3 Doyle Partners设计作品
（来源：花瓣网，https://huaban.com/pins/1098748482）

三、感觉和知觉的功用

马赫在他的著作《感觉的分析》一书中曾分析过一个原理，就是心理的东西和物理的东西完全平行的原理，进而认为任何心理的东西都有一个物理的东西与之相对应，反过来也一样。那么，从这个角度分析，感觉和知觉是同时存在的，且有一定的内在联系。

（一）感知觉是认识的开端

人对客观世界的认识过程是从感知开始的，从理论上说是从客观事物的个别属性的认识开始的。通过感知，人们获得了关于周围事物的特性以及自己身体方面的最初的感性知识。假如没有感知觉，人类将不能获得任何知识，“任何知识的来源，在于人的肉体感官对客观外界的感觉”。

（二）感知觉是一切心理现象的基础

感知觉是比较简单的心理过程，但是它却给高级的、复杂的心理过程提供了必要的基础。记忆、想象、思维等高级心理过程无不建立在感知觉的基础之上。

知觉的产生是在多种刺激物的直接作用下，同一分析器的不同部分或不同分析器协同活动的结果。由于同一分析器的不同部分或多种分析器的协同活动，人脑就可以对事物的诸多属性产生综合的、整体的反映。例如，对彩色图片的知觉就是视分析器不同部分协同活动的结果；对玫瑰花的知觉，则是在形、色、味、多刺等多种属性的刺激作用下，视、嗅、触等不同分析器协同活动的结果。

总之，视觉传播既需要依靠眼睛，也要借助大脑，感觉和知觉积极灵活、充满好奇的头脑能够创造性地记忆和使用视觉信息。人通过感觉和知觉在大脑中形成记忆、投射、期待、选择、适应、显化、失谐、文化和文字，这些信息可以通过设计来界定，凭借对物象的感知去设计，考量观者接收到信息时候的感知觉，让观者高效地接收到有意义的信息。

第二节 人的视觉特征与视线流动规律

一、人的视觉特征

鲁道夫·阿恩海姆说过："所谓视觉，实际上是通过创造一种与刺激材料的性质相对应的一般形式结构，来感知眼前的原始材料的活动。"感知活动也可以说是一个成像过程，成像之后与人体的各个感官产生共鸣，形成视觉感受。

视觉依靠眼睛的晶状体成像，感光细胞感光，并且将光信号转换为神经电流，传回大脑引起人体视觉。感光细胞的感光主要靠一些感光色素，感光色素的形成是需要一定时间的，这就形成了视觉暂留的机理。

人眼在观察景物时，光信号传入大脑神经需经过一段短暂的时间，光的作用结束后，视觉形象并不立即消失，这种残留的视觉称"后像"，视觉的这一现象则被称为"视觉暂留"。这是光对视网膜所产生的视觉在光停止作用后，仍保留一段时间的现象，其具体应用是电影的拍摄和放映。视觉暂留是由视神经的反应速度造成的，其时值是 1/24 秒。它是动画、电影等视觉媒体形成和传播的根据。

人的视觉特征主要由下面几个因素构成。

视野：人的头部与眼球处于固定状态时所看到的空间范围，视野反映着视网膜的普遍感光机能的状况。

视角：被视物的两端点光线投入眼球时的相交角度，它与观察距离和所视物体两点距离有关。

视距：观者眼睛至被视物之间的距离。

视力：又称视敏度，是指眼睛分辨物体细微结构的最大能力。

光适应：又称明度适应，是指眼睛对光亮程度的适应性，分为暗适应和明适应两种。

错视：视觉形态受光、形、色等视知觉要素的干扰，在人的视觉中所产生的错误感觉，即主观判断的意象与客观实在的物象之间存在着不一致的现象。

二、视线流动规律

在视觉心理学家的研究中，视觉运动规律是其成果之一。视线水平移动比垂直移动快，水平方向尺寸的判断比垂直方向准确；视线移动方向习惯上是从左至右，自上而下；阅读习惯是跳跃式的，一行文字跳跃 3 ～ 7 次比较合适；一条垂直线在页面上，会引导视线作上下的视觉流动；斜线比垂直线、水平线有更强的视觉诉求力；矩形的视线流动是向四方发射的；圆形的视线流动是辐射状的；三角形则随着顶角的方向使视线产生流动；各种图形从大到小逐层排列时，视线会强烈地按照排列方向流动。例如，人们对图 4-5 的阅读速度一定会比图 4-5 快，图 4-4 的视觉可信度更高一些，视线的流动也是随着图像的透视变化而移动的。

图4-4　三星广告（1）

图4-5　三星广告（2）

概括起来，视线流动规律有以下特点。

（1）当某一视觉信息具有较强的刺激度时，就容易为视觉所感知，人的视线就会移动到这里，成为有意识注意，这是视觉流程的第一阶段。

（2）当人们的视觉对信息产生注意后，视觉信息在形态和构成上具有强烈的个性，形成周围环境的相异性，因而能进一步引起人们的视觉兴趣，在物象内按一定顺序进行流动，并接受其信息。

（3）人们的视线总是最先对准刺激力强度最大之处，然后按照视觉物象各构成要素刺激度由强到弱地流动，形成一定的顺序。

（4）视线流动的顺序还要受到人的生理及心理的影响。由于眼睛的水平运动比垂直运动快，因而在观察视觉物象时，容易先注意水平方向的物象，然后再注意垂直方向的物象。人的眼睛对于画面左上方的观察力优于右上方，对右下方的观察力又优于左下方，因而，一般广告设计均把重要的构成要素安排在左上方或右下方。

（5）由于人们的视觉运动是积极主动的，具有很强的自由选择性，往往选择所感兴趣的视觉物象而忽略其他要素，从而造成视觉流程的不规划性与不稳定性。

（6）具有相似性的因素组合在一起有引导视线流动的作用，如形状的相似、大小的相似、色彩的相似、位置的相似等。

三、视线流动的特征

视觉流程像一条流动的线，常常会体现明显的方向性来引导阅读过程。这条流动的虚线在正确地指引着设计师进行版面设计，它有如下特征。

（一）视觉流程的逻辑性

版面设计首先要符合人们认识的心理顺序和思维活动的逻辑顺序，故而，版面内容构成要素的主次顺序应该与主题一致。像图片所提供的可视性比文字更具直观性，把它作为版面设计的视觉中心，比较符合人们在认识过程中先感性后理性的顺序。

（二）视觉流程的节奏性

节奏作为一种形式的审美要素，不仅能提高人们的视觉兴趣，而且在形式结构上也利于视线的运动。它在构成要素之间的位置上要形成一定的节奏关系，使其有长有短，有急有缓，有疏有密，有曲有直，形成心理的节奏，以提高观者的阅读兴趣。

视觉流程的节奏把握可以依靠图形大小的转变，也可以是色彩明度的逐渐降低，只要在版式中有类似相关联的因素出现时，在统一中遵循一定的规律进行变换，就会有节奏的产生。如图 4-6 所示，设计的视觉流程就是从闭合的最大的圆形向周围的图形引导；图 4-7 所示的设计是从辨识度最高的黄色、橙色、蓝色最后到深蓝色，利用色彩明度的变化引导视觉流程的完成。

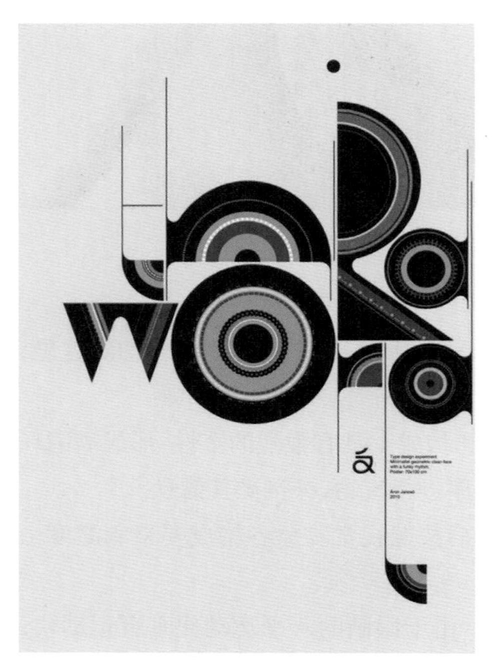

图4-6　匈牙利自由设计师Áron Jancsó 字体海报作品（1）
（来源：花瓣网，https://huaban.com/pins/1098748482）

图4-7　匈牙利自由设计师Áron Jancsó 字体海报作品（2）
（来源：花瓣网，https://huaban.com/pins/112286431）

（三）视觉流程的诱导性

现代的版式设计中，十分重视如何引导观众的视线流动。设计师可以通过适当的编排左右人们的视线，使其按照设计意图进行顺序流动。用什么要素捕捉观众的视觉注意力呢？

为了使版面产生良好的视觉诱导效果，也为了烘托版面主题和增加画面兴趣，商业广告常用俊男美女作为版面的广告人物形象，采用美妙的动与静的姿态吸引人们的视线。如图 4-8 所示，当人们的视线接触到直立的人物形象时，就会从人的脸部开始，到胸、腰、腹、脚，作从上而下的视线流动，最后停留到产品或商标上。如果人们的视线接触的是横卧的横长形的人物形象，就会从左到右（或从右到左）进行视线流动，最后到达广告的诉求重心。

安排人物形象的动势时，一般均让人物形象的视线朝向版面的内部，其他手、脚的动态设计也要配合视线的方向，做出有运动感的姿势，以强调视线的方向，引导观众的视线从人物形象的脸部开始，顺着手、身的动势一步一步地引导至广告的诉求重心。如果人物形象之视线朝向于版面之外部，则观众的视线流动就会中断，视觉流程的设计就不能发挥它预期的功能。

图4-8　俄克拉荷马州当代艺术中心视觉系统
（来源：花瓣网，https://huaban.com/pins/246775740）

第三节　视觉的视区分布

如何能高效地实现版面的视觉传达？除了纸张的大小，还有一个非常重要的因素，就是视觉的可视区域，也就是视区分布的规律，它主要包含了人的视野范围规律、视觉清晰规律和视觉流向规律。

一、视野范围规律

在不转动头部的情况下（眼睛不动的情况下），人类的眼睛垂直方向的视野范围是 120° ~ 140°。水平方向时一只眼睛的视野范围约为 150°，双眼为 180° ~ 200°。两侧眼睛所共有的领域垂直方向约为 60°，水平方向约为 90°。垂直方向人眼的最佳视区是在视平线以上 10° 至视平线以下 30° 范围，视平线以上 30° 至视平线以下 30° 范围为良好视区，视平线以上 60° 至视平线以下 70° 为有效视区。

二、视觉清晰规律

想要清楚地看清物体，当然视觉领域的角度会变窄，垂直和水平方向都会变成约 25°。大部分的情况下，人都用眼睛看东西，所以在不转动头的状态下，只能关注到这一区域之内的空间。中心视角 15° 以内是最佳视区，人眼的识别力最强；中心视角 20° 范围内是瞬息视区，人眼可在极短的时间内识别物体形象，可识别复杂的文字和图片；中心视角 30° 以内是有效视区，人眼需集中精力才能识别物象，可识别字母和简单的符号图形；中心视角 60° 以内是色彩视区，人眼可辨别颜色；中心视角 124° 范围内为最大视区，人眼对处于此视区边缘的物象较难识别清晰。

三、视觉流向规律

我们习惯从左边看到右边，即使在阅读时也是这样。所以现在书籍的排版大多是水平视觉从左至右，遵循视觉流向规律。

视觉远近流动指的是当人在远近时，眼睛先看哪个位置，是上方还是下方，视线是怎么变化的。在近距离时，视线先看到腿部并从下往上移动。在3米远的地方看时，最先看到的是正面，然后是下面，在远距离观看时，最先映入眼帘的是上面，然后视线会自然向下移动。

四、根据视觉流动规律划分区域

在实际设计中，设计师利用视觉的流动规律来设计版面的布局，划分版面。

第四节 视觉中心

视觉中心是指人的视野在一个平面中的中心点，和这个视觉中心相对应的还有一个概念，就是物理中心。

通常，人的视觉中心会在物理中心的偏上方。有人就此做过这样一个试验。找一张空白平整的纸，纸上一定不要有任何会影响视线的东西，然后在纸上靠目测画一条横线，把白纸平均分成上下两半，再画一条竖线把白纸平均分成左右两半，两条线的交叉点就是人的视觉中心，最后把纸左右上下对折，对折之后得到的纸的中心点会在目测得到的视觉中心偏下方。图4-9所示的设计就说明了上述现象。

图4-9　意大利设计师萨巴托最新商业设计（来源：视觉同盟，http://www.visionunion.com/article.jsp?code=200904280008）

基于视觉中心的这一特点，在绘画中，很多时候，人们会把画面的主要元素放在画面的中心点偏上一些，也就是视觉中心的位置，这一位置通常是人在观赏作品时最先注意到的一个地方。设计时候的道理也是一样的。人眼的视角很小。如果以看得见的标准来计算，人眼的视角约为150°；但是如果按看得清楚的标准衡量，视角就只有5°左右了。正因为这样，人为了扩大视野范围，就得转动眼球，左右顾盼，有时还需要转动头部。

突出视觉中心的方法如下。

（1）利用透视因素，采用近大远小的方法突出主题。

（2）采用近实远虚的方法突出主题。

（3）采用对比因素突出主题（对比度强则近——突出，对比度弱则远——削弱）。

（4）利用冷暖因素突出主题（暖色前进——突出，冷色后退——削弱）。

（5）利用纯度因素突出主题（高纯度前进——突出，低纯度后退——削弱）。

（6）利用遮挡因素突出主题（主题在前，陪体在后）。

视觉流程的形成主要是由人类的视觉特性所决定的。人们在阅读时，根据人的生理习惯，视线的流动有一种普遍的规律，一般是从上到下，从左到右，从面到线再到点的认知过程，而这种视觉的习惯是设计师通过设计元素来实现的。

受生理结构限制，两只眼睛会产生一个焦点，也就是通常所说的视觉中心。对视觉中心的设计会有如下情况，如图4-10所示。

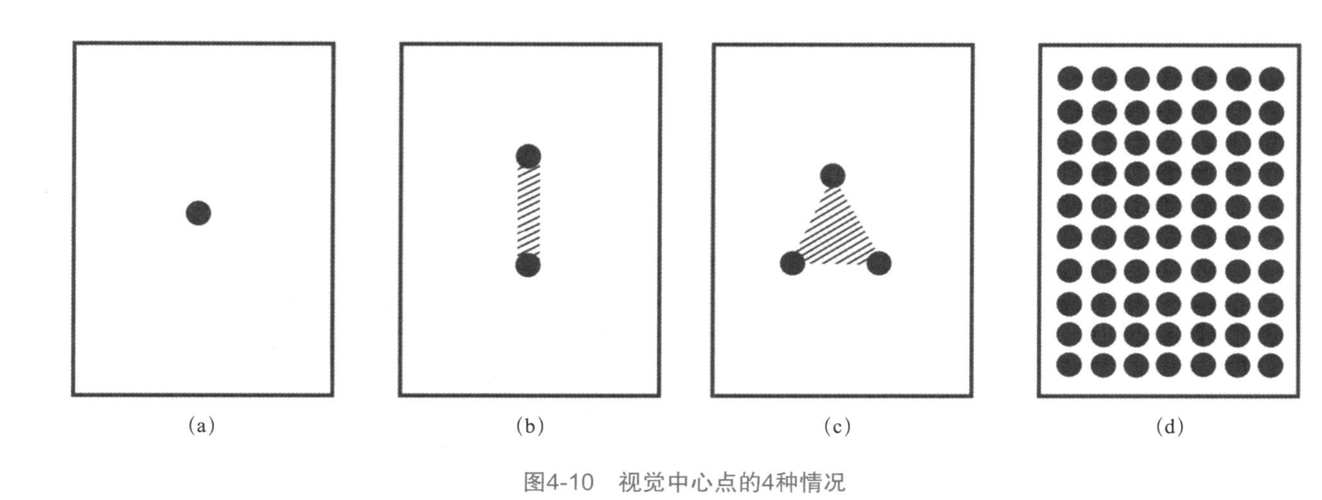

图4-10　视觉中心点的4种情况

（1）当版面中只有一个视觉中心的时候，视线的着眼点非常明确，视线会先落在视觉中心上面，然后根据设计师的引导，完成阅读的过程。

（2）当版面中出现两个视觉中心的时候，视线就会在这两个焦点中间来回巡视，最后形成由两个焦点连接的一条视线，会给观者造成一定的困惑，使他们不知道从哪里看起。

（3）如果视觉中心超过 3 个，观者的视线就会在多个焦点中逐个巡视，最后形成以焦点为端点的一个视线区域。

（4）无视觉中心的设计，即让版面本身成为一种秩序或序列，元素都是等同的状态，类似重复构成的形式，或者使视觉中心落在画面之外，这些都是设计师们不断探索研究的方向。

没有明确的视觉中心，也就没有视觉层次的体现，最后它会混淆读者阅读的内容。以上 4 种情形都会成为设计的依据。根据视觉中心原理去设计版面，也就是说，不管是一个视觉中心、两个视觉中心，还是无视觉中心，都可以成为视觉流程的设计理由，让读者依照设计师的视觉引导流程，按照一定的顺序或形式有效、快捷、顺利地完成阅读的进程。

第五节　视觉流程的类型与设计

视觉流程可以从理性与感性、方向关系的流程与散点流程来分析。方向关系的流程强调逻辑，注重版面的清晰脉络，似乎有一条线、一股气贯穿其中，使整个版面的运动趋势有“主体旋律”，细节与主体犹如树干与树枝一样和谐。方向关系流程较散点关系流程更具理性色彩。方向关系表现为以下几种形式。

一、单向视觉流程

单向视觉流程是按照常规的流程规律，诱导观者的视觉随着编排中的各项元素有序组织，从主要内容开始依次观看的过程，它使版面的视觉流动更为简明，能直接地表达主体内容，有简洁而强烈的视觉效果，其表现为 3 种方向关系。

（一）直向视觉流程

直向视觉流程具有稳定性，是一种强固的构图。视觉依直向的中轴线引导观者的视线作上下流动。直向视觉流程给人坚定、直观的感觉。如图 4-11 和图 4-12 所示，视觉一直是上下的流动过程，给人以稳定的感觉。

图4-11　San Francisco Design Week设计作品

（来源：豆瓣网，https://site.douban.com/106689/widget/public_album/320220/photo/2100397450/）

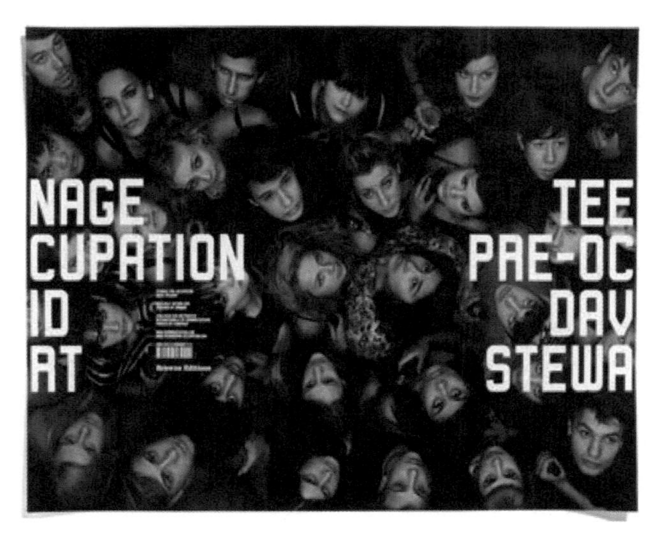

图4-12　Browns设计作品

（来源：https://www.adsoftheworld.com/campaigns/teenage-pre-occupation）

（二）横向视觉流程

横向视觉流程是一种安宁和平静的构图。视觉会依横向的水平线引导观者的视线左右地流动，给人稳定、恬静之感，如图 4-13 和图 4-14 所示。

图4-13　网页设计

（来源：花瓣网，https://huaban.com/pins/424511982）

图4-14 《星际穿越》电影海报

（来源：澎湃网，https://www.thepaper.cn/newsDetail_forward_15944532）

（三）斜向视觉流程

斜向视觉流程具有运动感，是一种倾斜的构图，相比水平线、垂直线有更强的视觉诉求力，会把观者的视线往斜方向引导，以不稳定的动态引起观者注意。斜向的线引导视线按其内角情况而向各自的方向流动，一般是从左上角向右下角移动，或从左下角向右上角移动，给人的运动冲击力较强，如图 4-15 和图 4-16 所示。

图4-15　西班牙海报设计

（来源：新浪微博，https://weibo.com/1272905635/EzJYb4fDt）

图4-16　第16届全州国际电影节官方海报

（来源：1905电影网，https://www.1905.com/news/20150402/876141.shtml?from=timeline&isappinstalled=0）

二、曲线视觉流程

曲线视觉流程是各视觉要素随弧线或回旋线而运动变化的视觉流动。曲线视觉流程比单向视觉流程更具节奏、韵味和曲线美。曲线流程的形式微妙且复杂，可概括为弧线形“C”和回旋形“S”。

弧线形“C”视觉流程：视线依圆环状迂回于画面，可长久地吸引观者的注意力，给人饱满、扩张和一定的方向感，如图4-17所示。

回旋形“S”视觉流程：两个相反的弧线相对统一。在平面中增加深度和动感，构成的回旋也富于变化，如图4-18所示。

图4-17　海报设计

（来源：花瓣网，https://huaban.com/pins/1173486975）

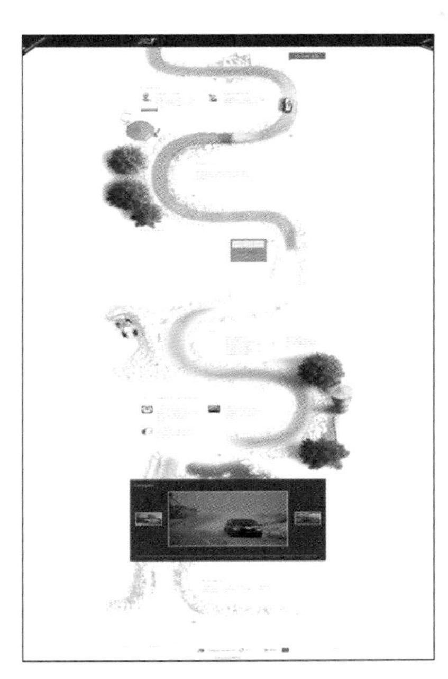

图4-18　UI界面设计

（来源：花瓣网，https://huaban.com/pins/1211270808）

三、重心视觉流程

重心是视觉心理的重心，可从以下两个方面理解。其一，以强烈的形象或文字独占页面某个部位或完全充斥整版，其重心的位置因具体画面而定。在视觉流程上，首先是从版面重心开始，然后顺沿形象的方向与力度的倾向来发展视线的进程。其二，向心、离心的视觉运动，也是重心视觉流程的表现。重心的诱导流程使主题更为鲜明突出且强烈，如图 4-19 所示。

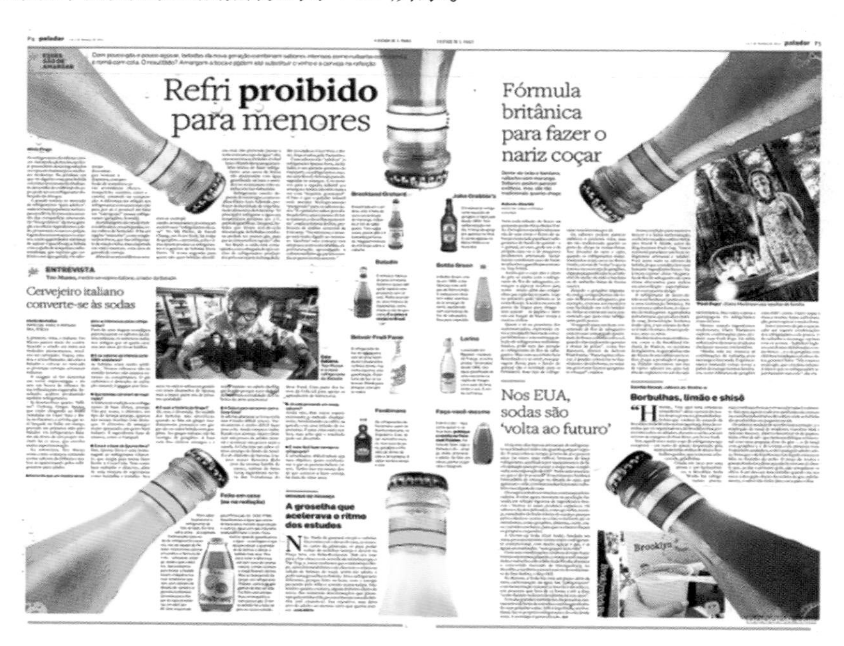
paladar

Refri proibido para menores

Fórmula britânica para fazer o nariz coçar

ENTREVISTA

Cervejeiro italiano converte-se às sodas

Nos EUA, sodas são 'volta ao futuro'

Borbulhas, limão e shisô

A groselha que acelerava o ritmo dos estudos

图4-19　报刊版面设计作品

（来源：花瓣网，https://huaban.com/pins/1630375655）

四、反复视觉流程

反复视觉流程是指相同的或相似的视觉要素做规律、秩序、节奏的逐次运动。其运动流程不如单向、曲线和重心流程运动强烈，但更富于韵律和秩序美，如图 4-20 所示。

五、导向视觉流程

导向视觉流程是通过诱导元素，主动引导读者视线沿一定方向顺序运动，由主及次，把画面各构成要素依序串联起来，形成一个有机整体，使重点突出，条理清晰，发挥最大的信息传达功能。编排中的导线有虚有实，表现多样，如文字导向、手势导向、形象导向以及视线导向等，如图 4-21 所示。

六、散点视觉流程

散点视觉流程是指页面图与图、图与文字间呈自由分散状态的编排。散状排列强调感性、自由随机性、偶合性，强调空间和动感，追求新奇、刺激的心态，常表现为一种较为随意的编排形式。

读者所阅读的版面中，有严谨规律的、流程明朗的，也有流程疏散甚至完全自由散点的。面对自由散点的页面，读者仍然有阅读的过程，即视线随页面图像、文字或上或下或左或右地自由移动阅读的过程。这种阅读过程不如直线、弧线等流程快捷，但更为生动有趣。

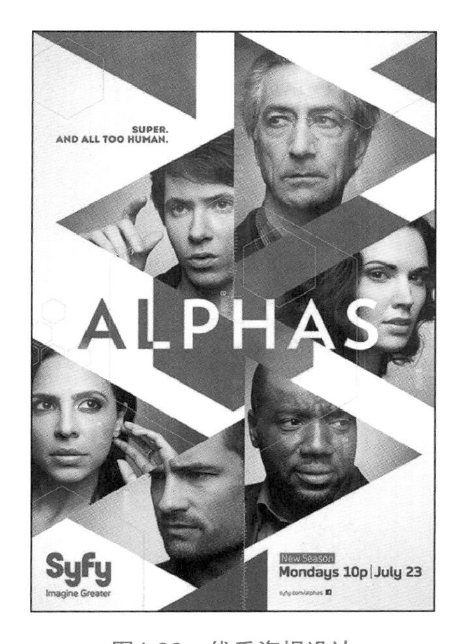

图4-20　优秀海报设计
（来源：堆糖，https://www.duitang.com/blog/?id=371129286）

图4-21　商业广告设计
（来源：六图网，http://www.16pic.com/huace/pic_2750273.html）

七、最佳视阈

设计版式时，设计师应考虑将重要信息或视觉流程的停留点安排在注目价值高的位置，这便是优选最佳视阈。版面中，不同的视阈注目程度不同，心理上的感受不同。上部给人轻快、漂浮、积极高昂之感；下部给人压抑、沉重、限制、低矮和稳定之印象；左侧感觉轻便、自由、舒展，富于活力；右侧感觉紧促、局限却又庄重。

约翰·罗斯设计的书籍 *The Lonely Road* 和 *Invesco*，如图 4-22 和图 4-23 所示，版式设计注意页面与页面之间的连贯性，利用版式设计引导着读者的阅读进程。每个页面之中的各个元素之间也依靠设计引导观者的阅读进程，是比较优秀的版式设计。

图4-22　约翰·罗斯设计的*The Lonely Road*
（来源：http://www.browns-design.co.uk/）

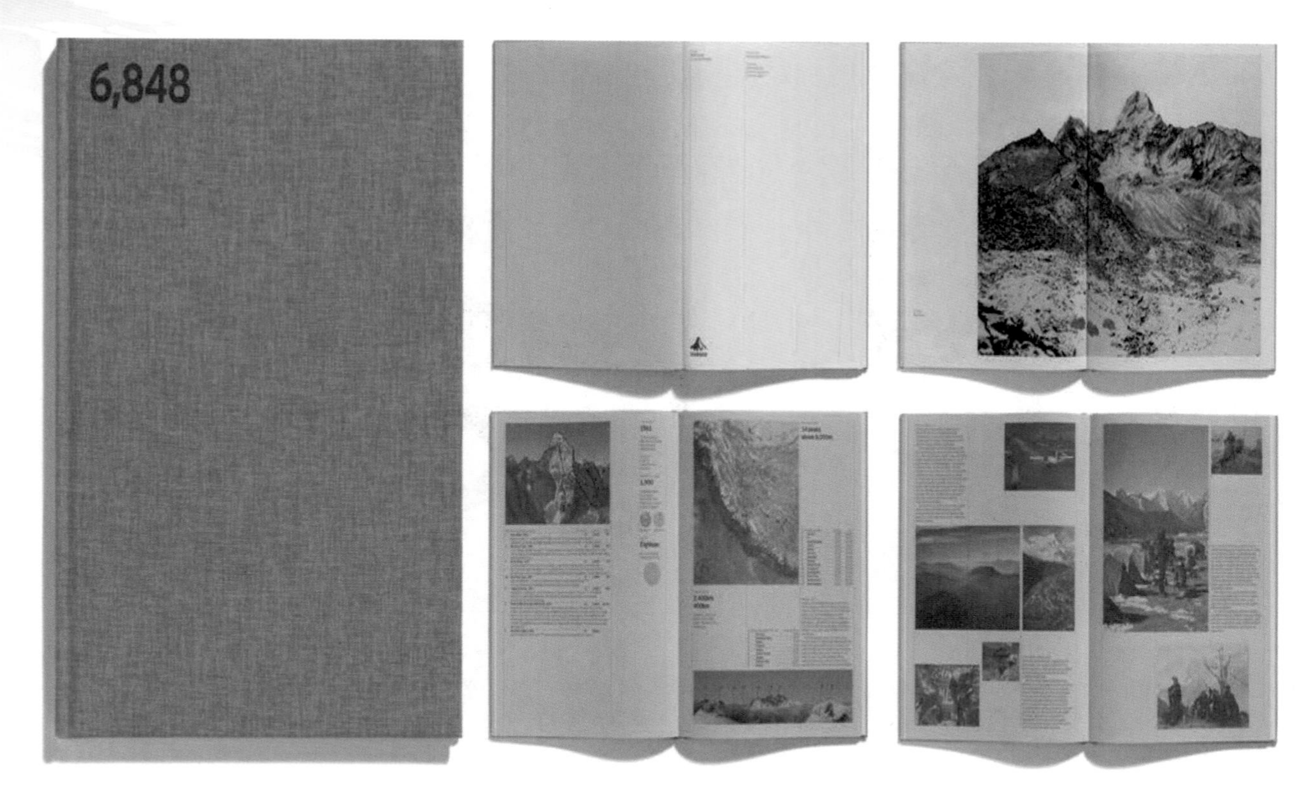

图4-23 约翰·罗斯设计的*Invesco*
（来源：http://www.browns-design.co.uk）

以上几种视觉流程均为方向和具象理性的流程。在设计版式方向性视觉流程时，要注意各信息要素之间间隙大小的节奏感。若间隙大，节奏减慢，显得视觉流程舒展；而过分增大，要素之间则失去联系，彼此不能呼应，视觉流程减弱。若间隙小，节奏强而有力，信息可视性高，布局显得紧凑；但间隙过小，会显得紧张而拥挤，造成视觉疲累，无法清晰快捷地传达主题。

个人中心 App 界面设计

设计任务及要求如下。

（1）设计一个属于自己的中心界面（user profile），依据个人习惯与喜好处理相关信息，合理布局界面元素，比如账号信息、发表过的评论、关注的帖子等。

（2）以 iPhone 6 Plus 型号为例，其设计尺寸为 1242px × 2208px，如图 4-24 所示。

（3）文字形式和图形形式不限，注意视觉流程设计，要有一定的视觉连贯性以及艺术美感和意境。

该设计实训的榜样作品如图 4-25 所示。

图4-24 iPhone 6 Plus 设计版界面尺寸

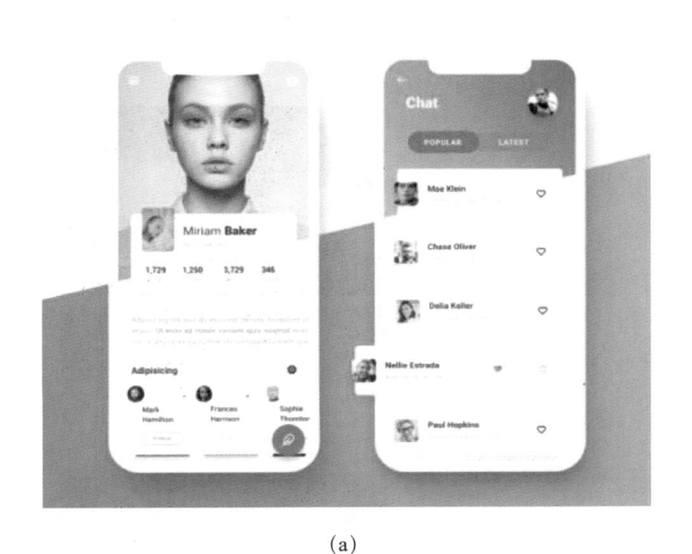

(a)

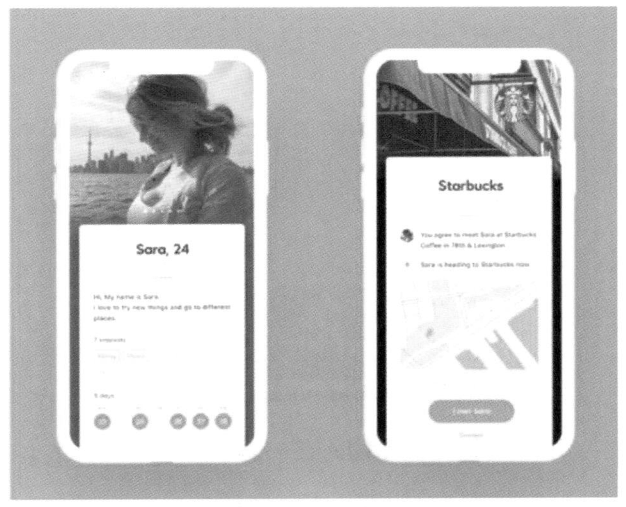

(b)

(c)

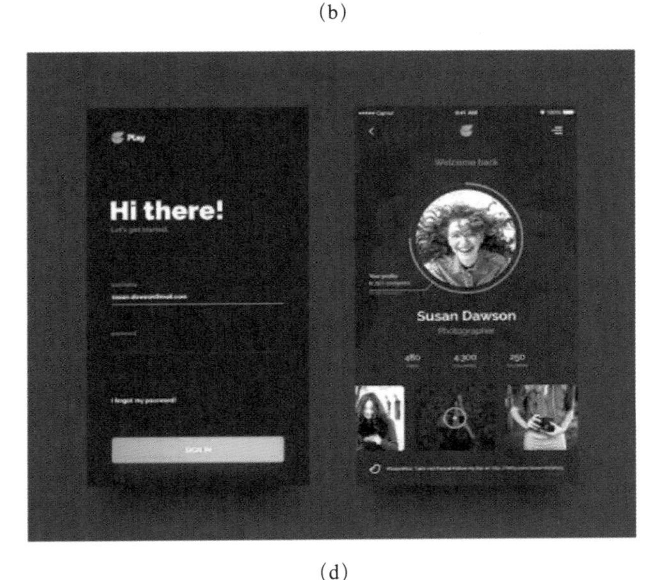

(d)

图4-25　个人中心App界面

手机 App 版式设计

App（Application）指的是智能手机的第三方应用程序。

App 界面设计越简单越好，方便用户操作、功能一目了然、视觉效果便于理解使用，不应该为了好看而增加没有必要的设计。设计是为人服务的，设计师要按照人的习惯而设计，以免让用户在心理上产生排斥，造成用户流失。在设计上要抓住用户的眼球，多研究用户的行为、动机、情景，思考用户的现实需求和潜在需求等。

在视觉设计上，要有符合产品特质的视觉表现，要能表现产品的品牌特征，要有能使目标用户群产生共鸣的视觉风格，要有识别性很好的应用图标等。

手机终端页面中内容排列一般以水平横向为主，这样可以呈现更多内容，更符合人的阅读习惯，如图 4-26 所示。垂直版式在界面中用得比较多，给人坚定、理性、简洁，如图 4-27 所示。倾斜版式较少单独出现，一般跟其他版式结合设计，充满动感，吸引眼球。排版时要注意秩序性，不能失去重心。

《和正能量的人在一起》

正能量的人热爱生活，能把普通平凡的日子过得津津有味；他们勇于担当，从不推卸和逃避责任；他们积极进取，生活给了一个酸柠檬，他们也能榨出可口的柠檬水。

“与善人居，如入芝兰之室，久而不闻其香，既与之化矣；与不善人居，如入鲍鱼之肆，久而不闻其臭，亦与之化矣。”和正能量的人在一起，满身都会浸染阳光般的温暖。他们会驱散你心中的失落与阴霾，会给予你重新振作的力量，会帮助你提升自己，会教会你宽容和爱。

遇见这样的人，靠近这样的人，也成为这样的人，点亮自己的心，也照亮别人的路。

图4-26　App内容版式

(a)　　(b)

图4-27　App界面垂直版式

界面适当运用对比原则引导读者的视觉走向，运用对齐原则打造秩序感，进而增强层次感，图案、文字、色彩等重复元素能增强条理性和界面的统一感，将相关项整合在一个界面，让用户快速上手操作，简单好用才深受喜爱。

1. 人的视觉流动有哪些特征？
2. 在版面设计中，如何突出视觉中心？
3. 单向视觉流程和曲线视觉流程的区别是什么？
4. 你如何理解“视觉流程的诱导性”？

第五章

版面的色彩选择

(1) 学习如何确定版面的整体色调。

(2) 了解版面中整体色调与局部色彩的关系。

(3) 了解版面中的明调、暗调、冷调、暖调。

(4) 对版面中的色彩关系进行调配。

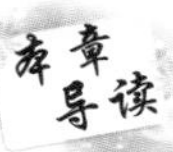

在一定程度上,色彩可被称为“第一视觉语言”,在版式设计中尤为如此。版式设计中的色彩对观看者形成的视觉冲击力可以超越图像与字体,形成最迅速与直接的影响。因此,作为设计师,需要充分考虑色彩对观者的直接作用,最快地捕捉观者的注意力,从而使其继续关注版面中的图像、文字,获取更详细、更深入的信息成为可能。

第一节　版面整体色彩的确定

一、对色彩的认识与思考

色彩是引起人的视觉注意的首要因素,是人的视觉中最敏感的东西,也是直接影响人的心理变化的重要载体。通过色彩,我们对所看到的事物产生了第一印象;而色彩本身也是具有一定意义与暗示的媒介物,它的呈现、组合、变化是一种特定的语言表达方式,带有一定的象征性。当色彩呈现于观者眼中时,会对人们产生一系列生理、心理刺激,使人们产生和形成一系列观念、情绪和想象。

在版式设计中，版面中良好的色彩设计能吸引观者，并对信息的传递起到助推作用，可以起到锦上添花、事半功倍的效果；不完善的色彩设计则使信息传递混乱甚至中断。色标卡中丰富的色彩如图5-1所示。

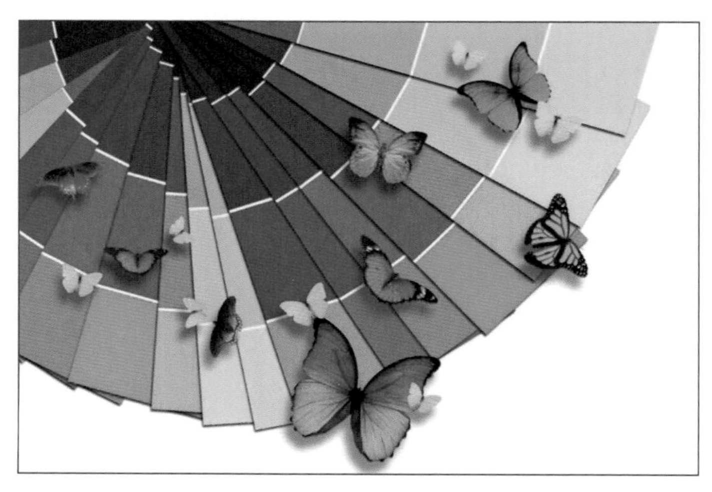

图5-1　色标卡中丰富的色彩
（来源：VK，https://vk.com/wall-70652506）

平面设计领域和立体设计领域都不能脱离色彩而存在，因为色彩具有一种阐释象征、表达情绪的属性，这对于世界范围而言都是成立的。色彩的直接心理效应来自色彩的物理光刺激，对人体的生理产生直接影响，进而对人的心理产生冲击，形成感受。一般而言，版面中不同的色彩配置能给人们带来不同的心理感受。

（一）红色版面设计

红色可以给观者热情、喜庆、幸福、圆满、革命、力量的感官印象，也可以表现为俗气、危险，甚至恐怖。在版面设计中，红色往往起到醒目的作用，可以形成具有冲击力的色彩效果。如图5-2所示，在《素兰喜嫁》海报设计中的红底色配合白色传统图案，对比强烈，喜庆氛围浓烈。如图5-3所示为以色列设计师Yossi Lemel号召人们为日本地震提供援助的公益海报——《福岛，我的爱》，其以醒目的红色很好地表达了思想主题。

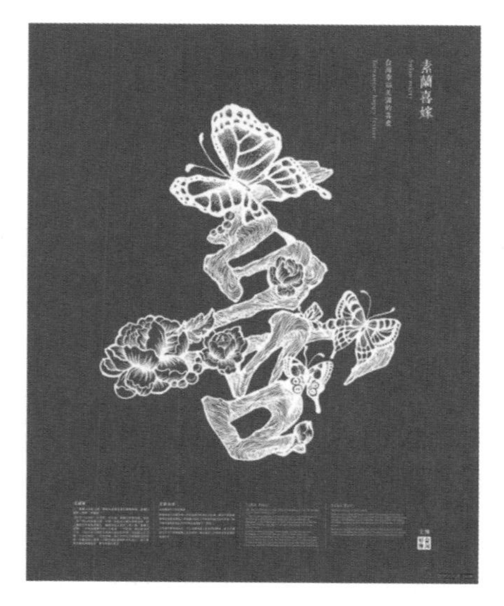

图5-2 《素兰喜嫁》的海报设计
（来源：花瓣网，https://huaban.com/pins/993873271）

图5-3　以色列设计师Yossi Lemel设计的《福岛，我的爱》
（来源：花瓣网，https://huaban.com/pins/40141545）

（二）橙色版面设计

橙色给观者以快乐、温暖的感受；也代表兴奋与甜蜜，能引起人的食欲；同时也象征丰收、健康与活泼。在版式设计中，橙色很跳跃，能够增加运动与活力，散发出自然灿烂的感觉，如图 5-4 所示。

如图 5-5 所示，橙色的产品包装引发观者愉悦的感受，甜味感十足。橙色与同类色相组合常常让人感觉温暖，食欲感强。

图5-4　耐克品牌的招贴设计
（来源：花瓣网，https://huaban.com/pins/1347528814）

图5-5　包装设计
（来源：花瓣网，https://huaban.com/pins/1469128726）

（三）黄色版面设计

黄色给观者以光明、灿烂、华丽、辉煌的色彩感。在大面积黄色版面中点缀绿色，能使画面青春形象、活力四射，如图 5-6 所示。在版面设计中，黄色与黑色组合常常用来传递警示作用，图 5-7 所示是福田繁雄设计的反战海报设计用色。

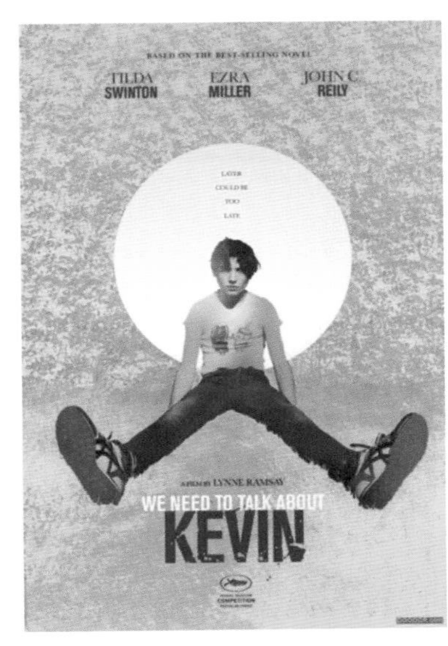

图5-6　充满活力的电影海报
（来源：花瓣网，https://huaban.com/pins/1692635502）

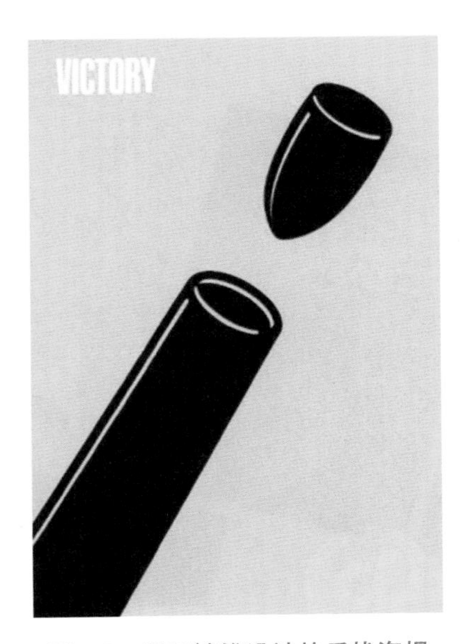

图5-7　福田繁雄设计的反战海报
（来源：无忧文档网，https://www.51wendang.com/doc/fbc81919098411b98d013f93/8）

（四）绿色版面设计

绿色给观者以自然、活力、新鲜、青春的感受；也可以表现安全、和平与舒适。在版式设计中，翠绿与中绿象征着繁茂与健壮，如图 5-8 所示。绿色与黄色系搭配能产生清新、健康的画面效果，如图 5-9 所示。

图5-8　杂志版面设计

（来源：花瓣网，https://huaban.com/pins/1177022608）

图5-9　Ajellso水果雪糕海报设计

（来源：花瓣网，https://huaban.com/pins/5718906898）

（五）蓝色版面设计

蓝色给观者以宁静、宽广、包容的感受，也可以表现一种理智与沉稳，具备信任与安全感，是公司和企业设计的最佳色彩之选。在图 5-10 所示的册页版式设计中，蓝白的搭配让理性与睿智得到完美体现。飞利浦电器宣传海报中大量蓝色的使用，带来一种极稳定的视觉感受，如图 5-11 所示。

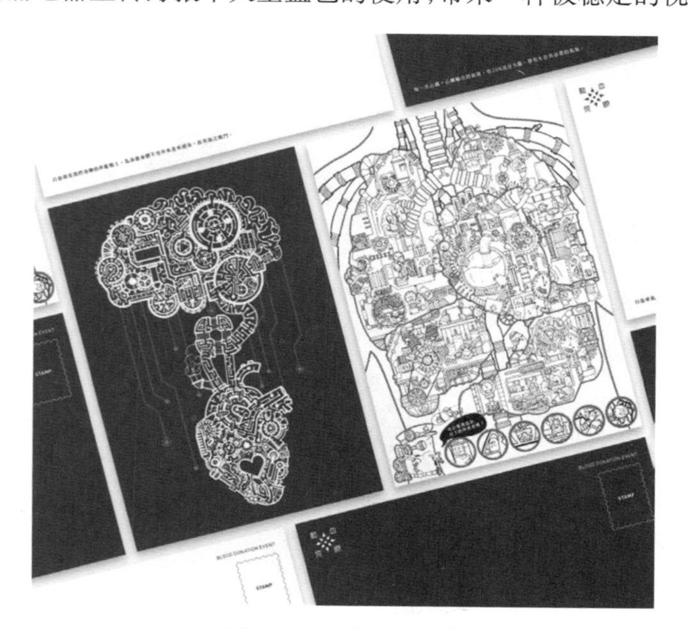

图5-10　宣传册页设计

（来源：搜狐网，http://mt.sohu.com/20170826/n508535602.shtml）

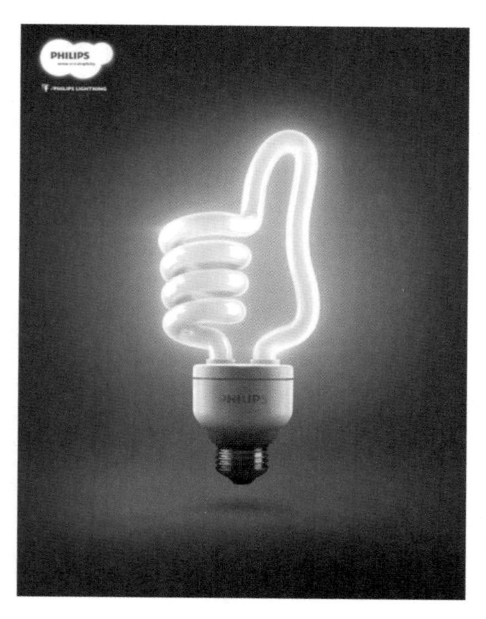

图5-11　飞利浦海报设计

（来源：搜狐网，https://www.sohu.com/a/555579637_120076109）

（六）紫色版面设计

紫色给观者以高贵、优雅、浪漫、神秘的感受。在版式设计中，互补色紫色与黄色恰当地运用，会形成优美别致的视觉效果，如图 5-12 所示。

（七）黑色版面设计

黑色给观者以严肃、庄重与力量感，也可以象征死亡、悲痛与恐怖。在版面设计中，黑色能营造简约、高级、科技感、现代感，它能与任何色彩相配置，调配版面的“黑白灰”关系，使版面具有稳定感，黑色是版面中运用最广泛的色彩，如图 5-13 所示。

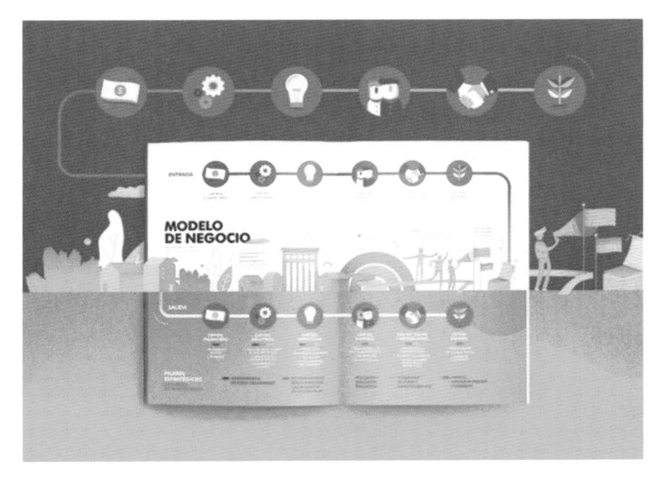

图5-12　阿根廷DHNN Creative Agency设计的银行可视化图表

（来源：视觉同盟，http://www.visionunion.com/article.jsp?code=201509090004）

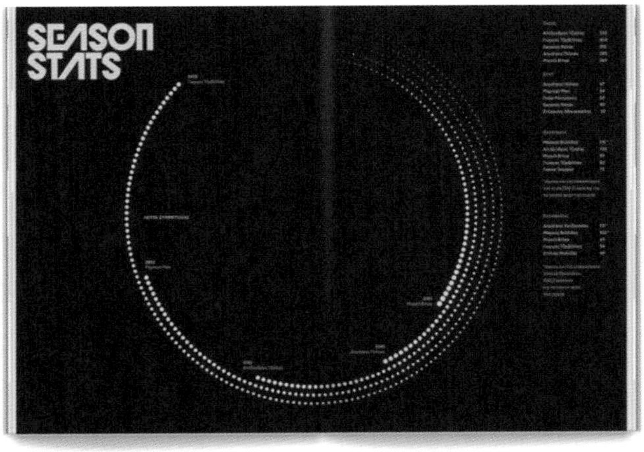

图5-13　*Toumba*杂志第5期的版式设计

（来源：古田路 9 号，https://www.gtn9.com/work_show.aspx?id=DE8F4C4FE2770F7F）

（八）白色版面设计

白色给观者以纯洁、光明、神圣、简单、朴素、虚无、完整的感觉，在版面设计中，白色的重要作用在于它代表了虚空间，代表一种意犹未尽，如图 5-14 中的白色使用颇有意味。此外，白色面积的大小与位置代表了版面的张弛与节奏，同时，白色对人们的视觉疲劳起着重要调配作用。

图5-14　陕西法门寺宣传画册设计

（来源：花瓣网，https://huaban.com/pins/ 403607335）

（九）灰色版面设计

灰色属于无彩色系，有很多层次，根据明度的不同分为浅灰、中灰、深灰三大阶次。灰色给观者以高雅、含蓄、耐人寻味的感受。在版式设计中，不同的灰阶往往能增加版面的层次感，灰色也是一种很好的调配色与衬托色，能增加版面的色彩调和作用，如图 5-15 所示。

不同的色彩带来不同的色相，千变万化的色彩在版面中能呈现出丰富的视觉效果，传递出不同的情感。因此，在版面设计中，应根据版面内容与媒介性质进行整体色彩设计，以达到更好的传达效果。在确定整体色调过程中，色彩本身所体现的感觉将有效地突出主题内涵，创造主题特有的情调。

图5-15　西班牙Xavier Esclusa Trias设计的海报
（来源：花瓣网，https://huaban.com/pins/1595435643）

二、色彩感觉与版面情调的营造

上文中详细描述了基本色彩体系在版面中所能带给人们的大体心理感受。对于一名设计师而言，在版面中调遣色彩不能仅仅停留在较浅的直觉层次，而应该让色彩与版面的结合达到细致入微的程度。总体来说，版面情调的营造应把握以下几点。

（一）版面色彩的轻与重

色彩的轻重由明度决定。高明度的色彩让人感觉到“轻”，能组成轻松明朗、素雅洁净、现代感强的“高调”版面，如图 5-16 和图 5-17 所示，低明度的色彩让人感觉到“重”，能组成朴实厚重的“低调”版面，如图 5-18 和图 5-19 所示。

图5-16　2017年北京国际设计周海报
（来源：花瓣网，https://huaban.com/pins/1513160993）

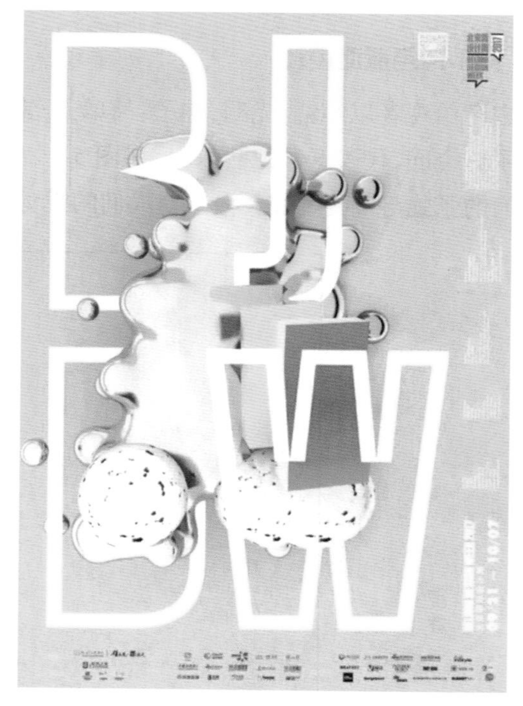

图5-17　东北三省水彩画展招贴设计
（来源：https://www.meipian.cn/94vsw59）

图5-18　美国Emrich Office工作室的平面设计

（来源：飞特网，https://www.fevte.com/tutorial-32320- 1.html）

图5-19　Merih Sejkic饮食类画册设计

（来源：花瓣网，https://huaban.com/pins/1556768335）

（二）版面色彩的强与弱

色彩的强弱由纯度决定。高纯度、对比度强的色彩让人感觉到富有活力，能组成跳跃、年轻、浓艳的版面，如图 5-20 和图 5-21 所示；低纯度、对比度弱的色彩让人感觉到柔和、清新，能形成甜美、亲和力强的版面，如图 5-22 和图 5-23 所示。此外，有彩色系比无彩色系有强感，有彩色系以大红色为最强。

图5-20　英国设计机构Un.titled画册设计

（来源：花瓣网，https://huaban.com/pins/201254947）

图5-21　包装品牌KEENPAC画册设计

（来源：设计之家，https://www.sj33.cn/article/jphc/201201/29856_2.html）

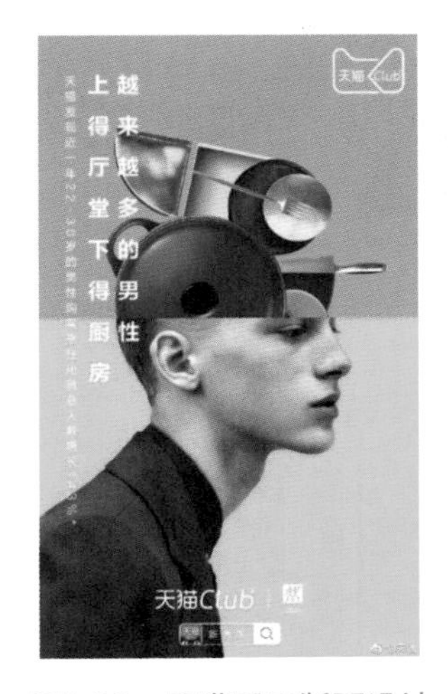

图5-22　天猫网页版面设计

（来源：花瓣网，https://huaban.com/pins/2288711190）

图5-23　HADW画册设计（1）

（来源：设计之家，http://www.sj33.cn/article/jphc/200609/9656.html）

（三）版面色彩的软与硬

色彩的软硬感与明度、纯度有关。明度较高、纯度较低的色彩更加偏“软”，明度较低、纯度较高的色彩更加偏硬；弱对比色调具有软感，强对比色调具有硬感。软的色彩组合可形成柔和、雅致的版面气质，如图5-24和图5-25所示的画册设计；硬的色彩组合能形成热烈、硬朗、深沉的版面风格，如图5-26和图5-27所示。

图5-24　画册封面设计（软的色彩组合）
（来源：设计之家，http://www.sj33.cn/article/jphc/201302/33589_2.html）

图5-25　宣传折页设计（软的色彩组合）
（来源：Nicepsd,https://www.nicepsd.com/works/166513/）

图5-26　宣传折页设计（硬的色彩组合）
（来源：花瓣网，https://huaban.com/pins/29793318）

图5-27　画册封面设计（硬的色彩组合）
（来源：设计之家，http://www.sj33.cn/article/jphc/201211/32682.html）

总之，色彩的明度、纯度能带来大相径庭的版面情调与风格。版面的明快感与忧郁感、兴奋感与安静感、活泼感与庄重感、华丽感与质朴感、现代感与古朴感都与色彩的明度、纯度有着紧密的联系。在版面情调的营造中，除了选择好适合的色相外，色彩的明度与纯度的选择值得仔细琢磨，常常在经由明度、纯度的变换与组合之后，版面的色彩才能呈现一种“高级灰”，展现出与众不同的版面效果。

第二节　版面局部色彩的配置

第一节从整体和宏观出发，描述了在版面中如何确定整体色调，形成基本心理感受，营造版面整体情调。但是，做好以上步骤，仅仅是确立了大方向，更为具体的是如何处理好版面内部的色彩配置，版面局部的色彩应该依据何种方式来进行组织与调配呢？

一、版面色彩的对比

版面中的色彩往往都不是单独存在的，我们看到的版面中色彩往往在一定背景中，或与其他色彩并存；此外，版面中的色彩存在于有限的版面尺寸之中，是一种在特定关系和语境中的色彩，版面中的色彩总是与其他色彩相关联，它们之间形成各种不同的关系，这多种色彩关系中最为常见的是色彩的对比关系。

适当程度的色彩对比使版面看起来更鲜艳夺目、富有活力，并能有效地增加版面对观者的吸引力。从不同的角度来看，色彩对比主要可以分为：色相对比、明度对比、纯度对比、冷暖对比、面积对比。这些对比的方式通常在版面中叠加出现。

以色相差异为主形成的对比称为色相对比。互补色对比是版面中最强烈的色相对比，例如红与绿、蓝与橙、黄与紫，这种色相对比展现出强烈、炫目、刺激的效果，形成强烈的视觉冲击力，多出现在一些强调现代感的版面中，如图 5-28 所示的书籍内页中采用带荧光色的红与绿，追求现代、自由、时尚的视觉心理效果；图 5-29 中大量采用高纯度的色彩，形成跳跃的、具有活力的视觉效果。

图5-28　书籍内页色彩设计

（来源：堆糖，https://www.douban.com/photos/album/21453479/?start=14）

图5-29　画册内页设计

（来源：设计之家，http://www.sj33.cn/article/jphc/201011/25667.html）

以明度的差异形成的对比称为明度对比。每一个颜色都有自己的明度，明度对比在版式设计中，主要可以表现为相同色系的明度对比和不同色系的明度对比，图 5-30 就是相同色系的明度对比，图 5-31 是不同色系的明度对比。明度对比使版面内容形成梯度，产生层次，利于读者对主次信息的分类与获取。在图 5-30 和图 5-31 中，版面中的色彩利用明度拉开梯度，突出标题信息。

以纯度的差异形成的对比称为纯度对比，纯度对比既可以体现在单一色相中不同纯度的对比中，也可以体现在不同色相的对比中。版式设计中，低纯度对比的版面稳定柔和，比较耐看；高纯度对比的版面主次分明，明朗跳跃，色彩认知度较高，如图 5-32 所示。此外，版面中出现高纯度的色块往往能很好地平衡版面的重心，如图 5-33 所示，美的公司产品型录设计中，右边版面用一块纯度较高的橙色使版面平衡并衬托出标题。

图5-30　书籍内页色彩设计（同色系的明度对比）
（来源：设计之家，http://www.sj33.cn/article/jphc/201203/30514_3.html）

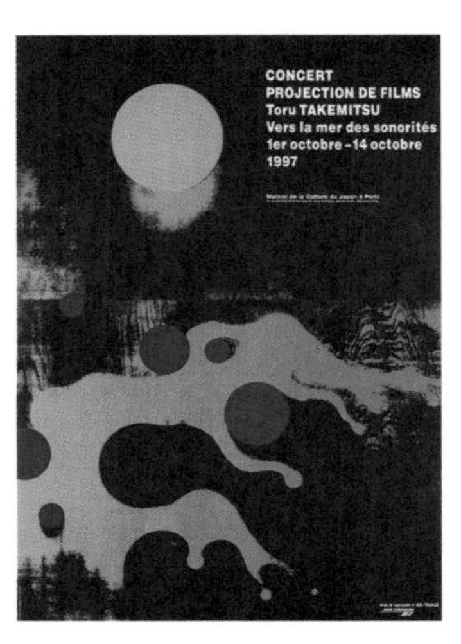

图5-31　招贴设计（不同色系的明度对比）
（来源：花瓣网，https://huaban.com/pins/1730243287）

图5-32　思想之树画册设计（高纯度对比）
（来源：设计之家，http://www.sj33.cn/article/jphc/200603/7409.html）

图5-33　美的公司产品型录设计（纯度对比）
（来源：设计之家，http://www.sj33.cn/article/jphc/200608/9383.html）

色彩感觉的冷暖所产生的对比称为冷暖对比。冷色和暖色是一种色彩感觉，冷色和暖色不是绝对的，色彩的冷暖在比较中存在。版式设计中的冷色与暖色比例的分布决定了画面的主体色调是暖色调还是冷色调；甚至在版面中，需要选取相对立的色调进行视觉调配，小面积的冷色使大面积的暖色看起来更暖，小面积的暖色使大面积的冷色看起来更冷，如图 5-34 和图 5-35 所示。

面积对比是指两种或两种以上颜色的相互关系，是一种大与小、多与少的关系。版面中不同的面积比使色彩显示出不同的强度，产生不同的版面色彩对比效果，占据更大版面面积的色彩就构成了版面的主调。图 5-36 所示版面中的蓝色就占据了更大的版面面积。版面中色彩面积的变化使得版面样式多样化，在系列版面设计中形成具有连续感的画面，产生系统性，如图 5-37 所示。

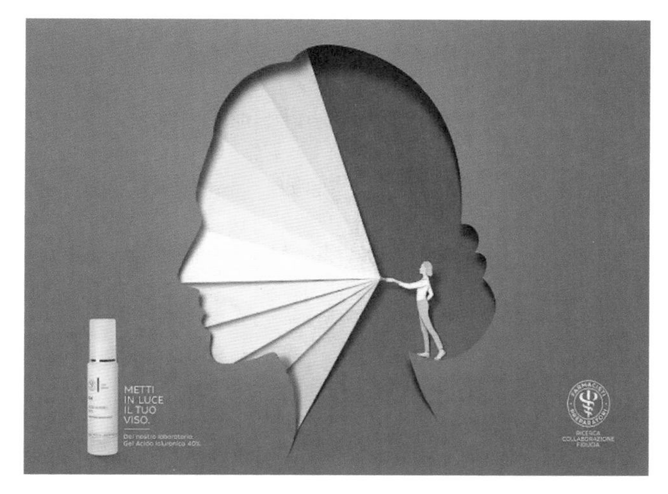

图5-34 版式设计（冷暖对比）
（来源：花瓣网，https://huaban.com/pins/1882777028）

图5-35 美的公司产品型录设计（冷暖对比）
（来源：cnd 设计网，http://www.cndesign.com/opus/0570076b-2f24-4f6d-9cae-a6ac017330ca.html）

图5-36 画册设计
（来源：一品威客网，https://gonglue.epwk.com/238867.html）

图5-37 HADW画册设计（2）
（来源：设计之家，http://www.sj33.cn/article/jphc/200609/9656_11.html）

二、版面色彩的和谐

版面色彩的和谐是指版面中色彩搭配统一、协调、悦目。色彩的和谐受到色相、明度、纯度的影响。要做到色彩和谐，主要应从以下两个方面着手。

（一）采用画面统一基调

为做到画面基调的统一，首先要确立主色彩，然后再寻找主色彩的同类色、邻近色进行色彩配置，在明度、纯度上进行协调，如图 5-38 所示。这样形成的版面必然会有和谐的感觉。色彩基调的统一并不意味着色彩表现单调，画面中也可以出现其他色彩，但是这些色彩只是起到陪衬和烘托的作用，与版面主基调只是局部与整体的关系。

（二）对色彩进行调和

在版面的色彩比较多样的情况下，为了使版面形成统一色调，可以采取加入统一要素的手法，比如在色彩与色彩之间加入间隔色进行缓冲过渡；或者加入黑、白、灰这些中性色对差异大的色彩进行削弱处理，如图 5-39 所示。

图5-38 DOXXbet.com网页交互设计
（来源：搜狐网，https://www.sohu.com/a/579620753_121124319）

图5-39 书籍封面设计
（来源：古田路 9 号，https://www.gtn9.com/work_show.aspx?id=706FE811F5C6C556）

此外，在色彩的分布上，要控制好色彩的数量与面积，色彩之间有要主次，正如戏剧中有主角和配角一样，避免等量安排、没有重点。

版面中的色彩之间要有呼应和相应变化。例如一个版面中出现了一块红色，色调显得热烈，但如果只是这一块色调，会略显单调并不足以统领整个版面；如果在版面中出现一些红色系或者黄色系的小的色块，整个画面的色彩协调感和整体感会得到加强，并使版面活跃起来。因此，版面中色彩的数量、面积以及位置都是调配的手段。

三、版面色彩的节奏与韵律

节奏与韵律是指事物在运动过程中有规律的连续。在版面空间中，色彩的色相、大小、比例、冷暖、强弱、虚实、明暗都能表现为空间连续分段运动的形式，由此形成形与色的组织规律性，在版面空间中形成不同的节奏和韵律。图 5-40 所示的折页设计则以色彩的色相与纯度变化为主要手段，它们都形成了各自的节奏感与韵律感，显得干净而灵动。版式设计中的色彩节奏也可体现在系列丛书中，形成在规则中变化的整体。

图5-40 折页设计（1）
（来源：搜狐网，https://www.sohu.com/a/163857574_99936415）

在版面空间中，色彩的节奏与韵律的表现可以是重复性的形式，也可以是多元性的形式。色彩重复性的分布会形成理性与机械的美感，多元性的分布则带来更加灵活多样的画面效果。

四、版面色彩的空间

色彩的明度变化与色块的大小变化能产生空间感，处于同一距离上的不同色彩会造成不同的深度印象，有的色彩会产生“向前”的趋势，有的色彩会产生“后退”的倾向。

在版式设计中，合理的色彩运用能增加平面中的前后感与空间感，色彩越鲜艳明亮的，空间位置越向前；色彩越晦涩灰暗的，空间位置越往后。总体来说，色彩的冷暖与明度、纯度对产生二维平面中的前后关系影响最大，例如，暖色调中的红色、黄色是突出向前的，冷色调中的蓝色、紫色则有向后退缩的效果。利用色彩的这些性质，可以创造多样的版面效果，如图 5-41 所示，色彩与剪影形式结合，给观者以想象的空间；在图 5-42 中，明亮的色彩跳跃在前，在更深底色的映衬下形成有空间感的版面。

图5-41　折页设计（2）
（来源：花瓣网，https://huaban.com/pins/121349720）

图5-42　折页设计（3）
（来源：古田路 9 号，https://www.gtn9.com/work_show.aspx?id=FC5A4408D45E656C）

第三节 版面色彩与心理

色彩可以直接触动观者的内心，使人的生理视觉与心理感觉产生联动，最后形成对所观看物体的第一印象。

要确定版式设计的整体色调，首先，需要对设计的项目种类、项目属性进行研究。色彩会引起人们的酸、甜、苦、辣的味觉感以及各种更为深层次的情绪。例如，玉米的黄色、胡萝卜的橙色能让人们联想到食物，烤制出来的面包上的焦黄色能引起人们的食欲，所以，在一些餐厅或者有关于食物的版式设计上通常以暖色为主调，如图 5-43 所示。而在一些有关于药品的版面设计上，则通常采用蓝色、绿色，给人们传递一种安全、可靠的信息，使药品易于被人们接受。图 5-44 所示的医疗宣传手册就采取了一种睿智的蓝色调。

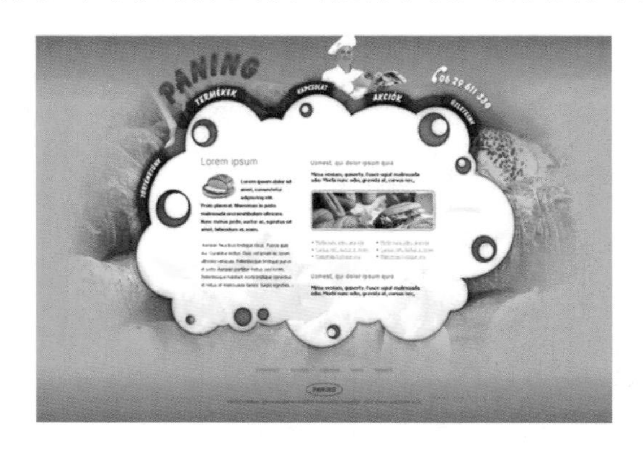

图5-43　食品网页设计

（来源：花瓣网，https://huaban.com/pins/60166357）

图5-44　折页设计（4）

（来源：搜狐网，https://m.sohu.com/a/160064014_655906/）

其次，设计版面色彩主调还要依据特定的广告内容，营造整体色彩气氛：是活泼的，还是庄重的；是热烈的，还是含蓄的；是华丽的，还是质朴的。版面整体色彩表现出来的某种气氛能够使画面呈现出某种思想感情，从而使观者产生心理共鸣，对广告产生兴趣。如图 5-45 所示，以茜红为主色调，配上哥伦比亚传统元素，使版面产生浓浓的民族传统味道。

(a)

（来源：花瓣网，https://huaban.com/pins/2253155829）

(b)

（来源：花瓣网，https://huaban.com/pins/1237609324）

图5-45　哥伦比亚传统元素嘉年华啤酒

最后，版面色彩的选取还需对版式目标对象的年龄与性别进行细化研究与分析。例如，女性护肤品与男性护肤品的相关版面设计就呈现出截然不同的色彩效果与气氛，女性护肤品一般选用金色、粉红色等色彩追求高雅、柔美的感觉，而男性护肤品则选用黑色、灰色或者类金属色追求硬朗、利索的效果。如图 5-46 所示，DOXXbet.com 网页交互设计中用色就比较硬朗、粗放。儿童用品的版面色彩则活泼跳跃，图 5-47 所示儿童 Playskool 网页交互设计所用色彩鲜艳、对比强烈、引人夺目。

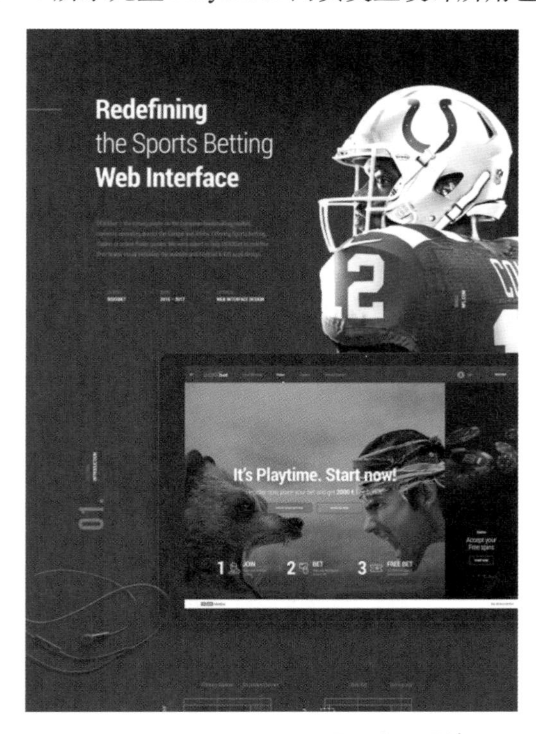

图5-46　DOXXbet.com网页交互设计
（来源：视觉同盟网，http://www.visionunion.com/article.jsp?code=201707120007）

图5-47　Playskool网页交互设计
（来源：Nicepsd 网，https://www.nicepsd.com/works/179036/）

第四节　版面色彩运用的误区

在版式设计中，色彩表现得恰当能使信息得到更好的传播，反之则阻碍信息传递。总体而言，色彩的设计比较容易出现的问题主要表现为以下几点。

一、版面色彩杂乱，缺乏整体感

在有些版面中，色彩纷繁杂乱，色相过多、大标题、小标题、导语、线条等内容都采用不同的色彩，没有突出主次，也失去了整体感，如图 5-48 和图 5-49 所示。实际上，版面色彩不需要太多的装饰，只需确定主题色彩，追求清晰、可见性强的效果。

二、片面强调色彩，忽略文字及信息传递

在一些文字较多的版式中，色彩过于抢眼，往往会阻碍文字的可识别性，甚至完全取代文字的位置，喧宾夺主，使观者的信息接收程序出现混乱，造成了信息传递的中断。

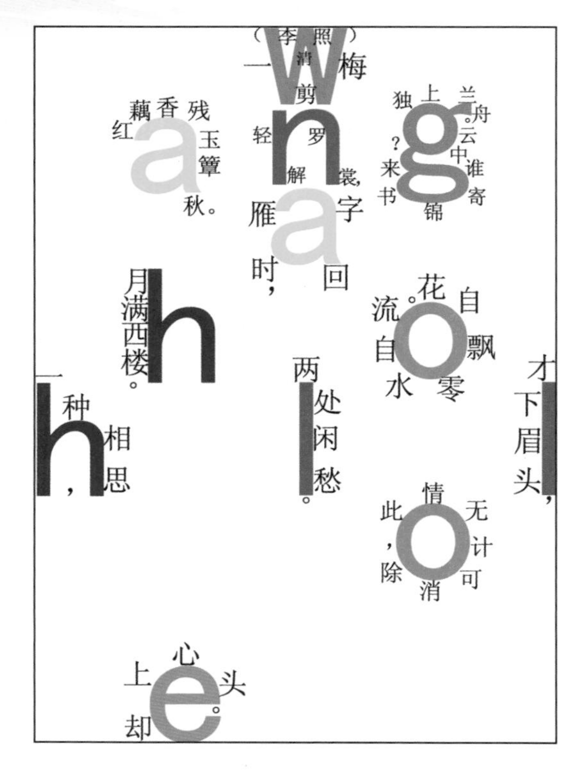

图5-48 《蝶恋花》版式设计（1）

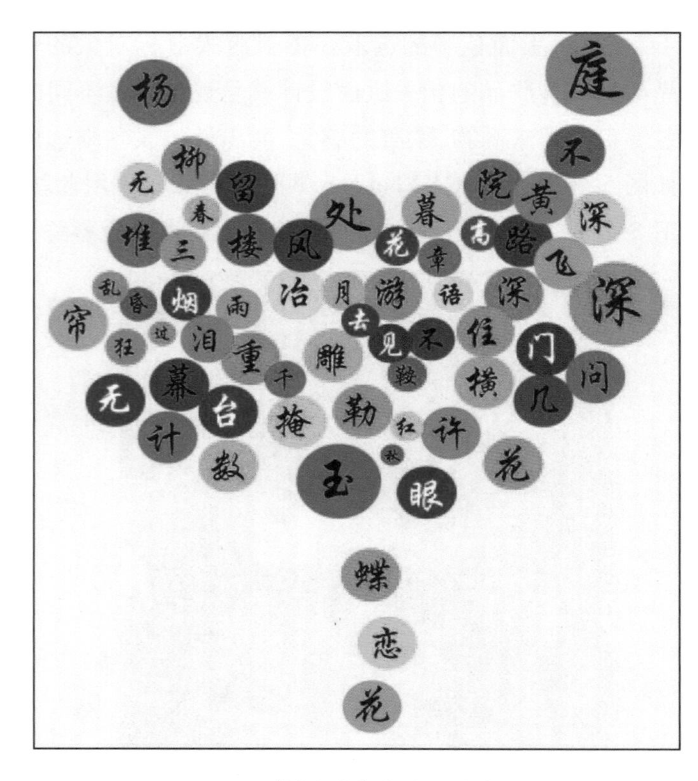

图5-49 《蝶恋花》版式设计（2）

三、缺乏色彩艺术感

在色彩的配置中，设计者对色彩的理解不够深入，只追求色彩的刺激形成杂乱效果；或者画面色彩过于单一苍白，如图 5-50 所示。这是对色彩的认识有限所致。

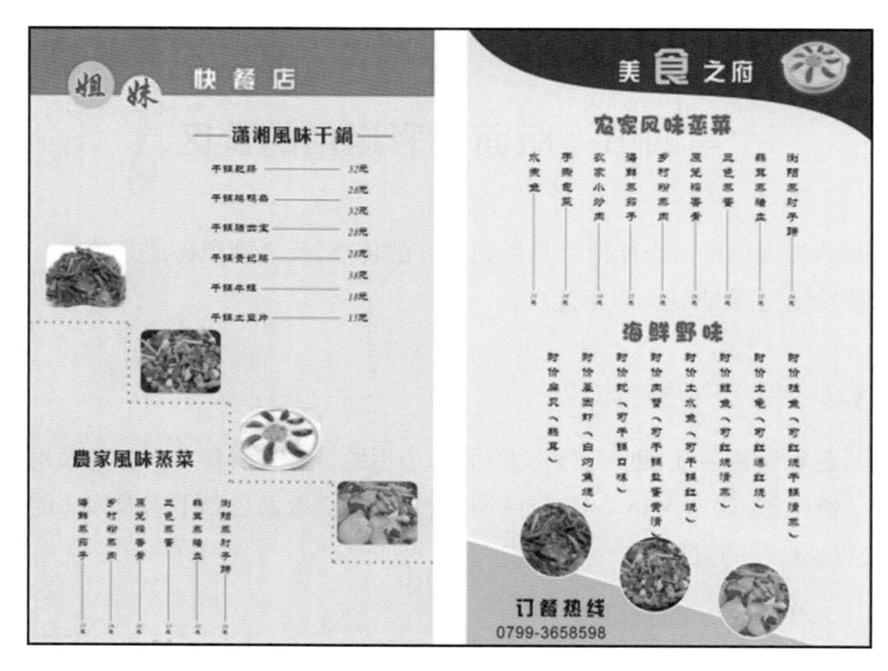

图5-50 菜谱版式设计

（来源：nipic 昵图网，https://www.nipic.com/show/2681754.html）

酒吧菜单设计和咖啡厅菜单设计

设计任务及要求如下。

（1）为虚拟酒吧或咖啡厅进行菜单设计，要求所用的色彩能恰当地表现出酒吧或者咖啡厅的商业趣味和氛围。

（2）要求有具体的文字与图形，尺寸和版式不限。

该设计实训的示例作品如图 5-51 和图 5-52 所示。

图5-51　酒吧菜单设计
（设计者：马强）

图5-52　咖啡厅菜单设计
（设计者：赵凯）

DM 版式设计

DM 是英文 direct mail 的缩写，直译为“直接邮寄广告”，即通过邮寄、赠送等形式，将宣传品送到消费者手中、家里或公司所在地，是商业贸易活动中的重要媒介，俗称“小广告”。DM 除了用邮寄投递以外，还可以借助其他媒介，如传真、杂志、电视、电话、电子邮件、微信，及直销网络、柜台散发、专人送达、来函索取、随商品包装发出等。

DM与其他媒介的最大区别在于：DM可以直接将广告信息传送给真正的受众，而其他广告媒体形式只能将广告信息笼统地传递给所有受众，而不管受众是否是广告信息的真正受众。

DM版面编排，要求造型别致，制作精美且广告主题的口号要响亮，可采用左对齐、中心对齐、右对齐、镶嵌等形式突出重要信息，进而达到版式的平衡美感形成很强的视觉冲击力。

DM的样式可划分为传单型、册子型、折页型、卡片型等样式。DM折叠方式灵活多变，每一种变化都有其个性特点，如图5-53所示。

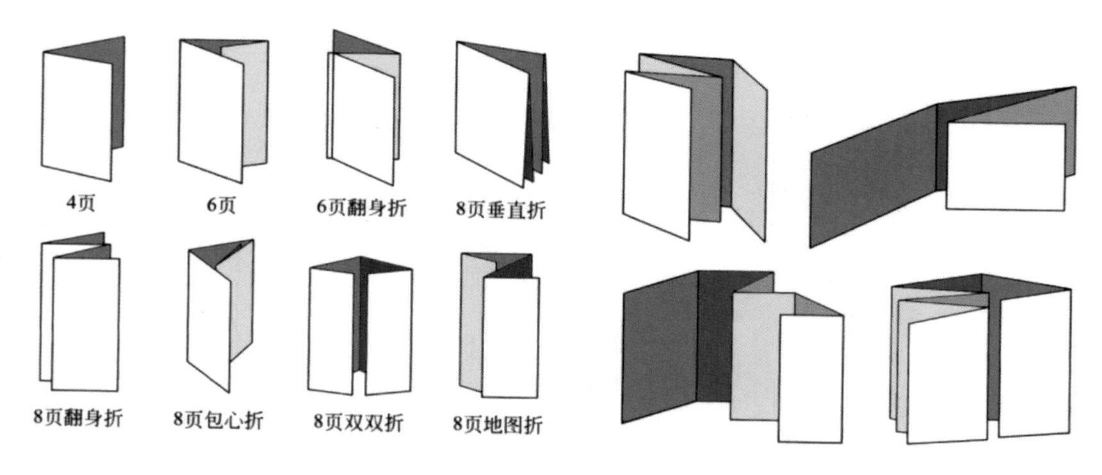

图5-53　DM折叠方式示意图

1. 在版式设计中，色彩感觉与版面情调的营造应把握什么原则？
2. 版面内部的色彩配置应该依据何种方式进行组织与调配？
3. 如何在版式设计中做到色彩和谐？
4. 版式设计中有哪些常见的色彩运用误区？

第六章

版式设计中的图像

学习要点及目标

(1) 熟悉图像的分类，能根据设计主题和内容使用合适的图片形式。

(2) 掌握图片的位置、面积、数量、组合分布的处理方法，能在版面设计中灵活运用。

本章导读

图像在版面构成中占很大的比重，视觉冲击力远远胜过文字。但这并不意味着语言或文字的表现力弱，而是说明图像在视觉和信息传达上能更好地吸引人们的注意，传达效果更直接、更形象、更快速。因此，设计师需要深谙图片和图形的编排之道。本章将介绍设计版面中图像的分类和常用的形式，并帮助读者掌握图片排版的具体方法。

第一节 图像的分类和常用形式

在人类的历史上，图形传情达意的功能远远早于文字。现代社会已经进入“读图时代”，图像成为更快捷、更直接、更形象的信息传达方式。图像是版面设计中不可缺少的元素，在和文字共同使用的时候，图像能大大提高视觉传达的效果。随着平面设计和计算机软件的发展，图像的类别和形式也越来越丰富。

一、图像的分类

（一）摄影图片

摄影诞生的历史并不长，但通过观看照片这种方式，人们打开了一扇了解世界的窗口。摄影也为设计师提供了丰富的表现力和视觉手段。设计师在其生涯中一直都会使用照片或与摄影师一起工作。设计师从摄影中获取素材、获得灵感。摄影的数码化使照片成为高效率的设计元素。如何在设计作品中运用、处理和编排摄影图片，成为设计师的基本工作内容。图 6-1 所示是两幅全球杂志类最佳封面设计的作品，摄影图片成为版面中最大的视觉亮点。

(a)

（来源：花瓣网，https://huaban.com/pins/63900944）

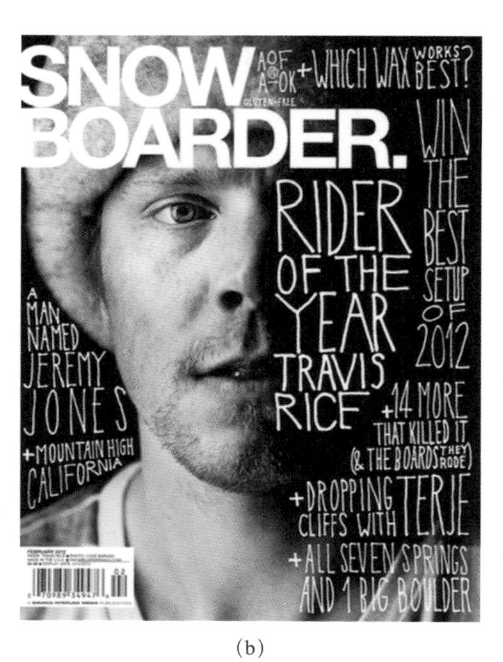

(b)

（来源：花瓣网，https://huaban.com/pins/1623241886）

图6-1　封面设计中的摄影图片

（二）图形

这里所讲述的图形是有别于摄影，由专业设计师或插图师创作绘制的一种较为传统的插图。在摄影技术广泛应用之前，这样的表现手法非常普遍。这些图形有独特的人性化魅力和朴素的自然美，在表现特定内容时，有特殊的表现力。随着设计的发展，图形的类别也得到了拓展，包括设计师们运用计算机中的设计软件绘制出的各种丰富造型，或具象或抽象的图形形态。

1. 插图

插图是人们十分熟悉和喜爱的艺术形式，在版面设计中十分普遍。插图能够表达与摄影截然不同的视觉和心理感受，适合表现富有情节的内容。插图还可以表现出多元性的形象，如幻想、幽默、讽刺、装饰、象征、写实等。图 6-2 所示是手绘插图在版面中的应用。

2. 卡通漫画

现代卡通漫画作为流行文化的一部分，已不分年龄、阶段和地区地渗入商业社会的各个方面。当时尚的人们对孩子气的物品趋之若鹜的时候，商家也在着力推崇这种营销砝码。现代卡通漫画呈现简单、无规则、易逝的特点。简单即除去各种繁饰，带有极简主义特征；无规则即风格多样化，极具个性，适宜不同的品牌诉求和个性化消费；易逝即像所有流行的事物一样，它会风靡一时，但很快也会过时。卡通漫画这些特点恰好符合现代商业快速更替、短暂、追求个性、简单、趣味等特点。图 6-3 所示是国外某版式设计，该设计通过个性十足的卡通造型传递了品牌和产品形象，令人印象深刻。

(a)

（来源：花瓣网，https://huaban.com/pins/536293887）

(b)

（来源：视觉同盟，http://www.visionunion.com/article.jsp?code=201511020001）

图6-2　版面中的手绘插图

(a)

（来源：设计竞赛网，https://www.shejijingsai.com/2020/04/399449.html）

(b)

（来源：花瓣网，https://huaban.com/pins/217246443）

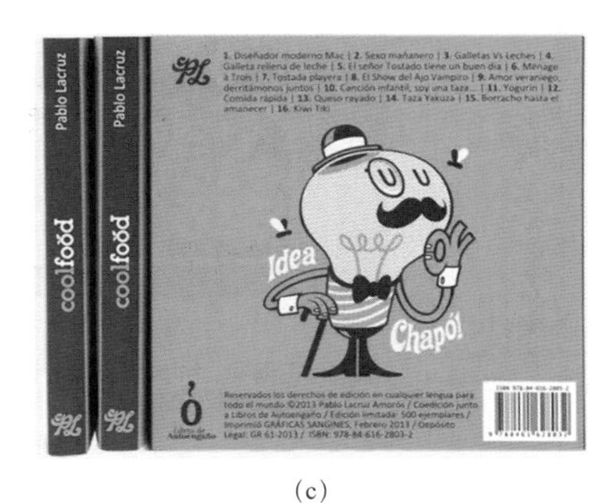

(c)

（来源：M&F 品牌设计公司，https://www.tj4a.com/h-nd-426.html）

图6-3　卡通漫画在版面中的应用

3. 具象和抽象图形

具象图形是指人们从具象的自然形态中美化、创造出来的造型。具象图形的设计要摆脱纯自然的束缚，用归纳手法来获取自然形态，使其具有设计感。图 6-4 所示是狗狗大便袋的包装设计。包装上的图形就是从各类品种狗的外形提炼而来，极具设计感和功能识别性。

抽象图形是将自然形象进行概括、提炼、简化得到的形态。抽象图形又可分为无机形态和有机形态，它们既可在形式上作为版面构成的重要元素，又可在传达功能上对信息进行有效划分，建立阅读的层次感，所以抽象图形在现代版面设计中使用十分普遍。

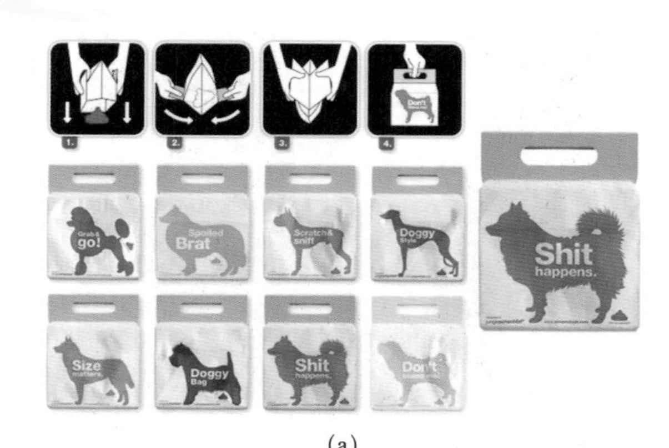

(a)

（来源：花瓣网，https://huaban.com/pins/60435276）

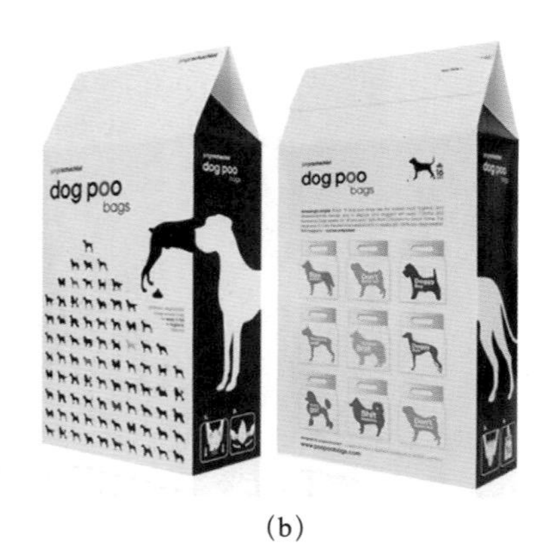

(b)

（来源：花瓣网，https://huaban.com/pins/1317612184）

图6-4　狗狗大便袋包装设计中的具象图形

抽象图形的形态比较理性，如图 6-5 所示，它们多以几何形为内容，如圆形、方形、三角形、点、直线、折线等，形象简洁而有秩序。有机形态比较自由、活泼，其构成大多采用曲线组合，如图 6-6 所示，但也有不规则的偶发形态，如水纹、云纹、墨迹等，如图 6-7 所示。抽象图形的使用必须符合设计主题，否则牵强的形式只会误导读者，削弱其传播力。

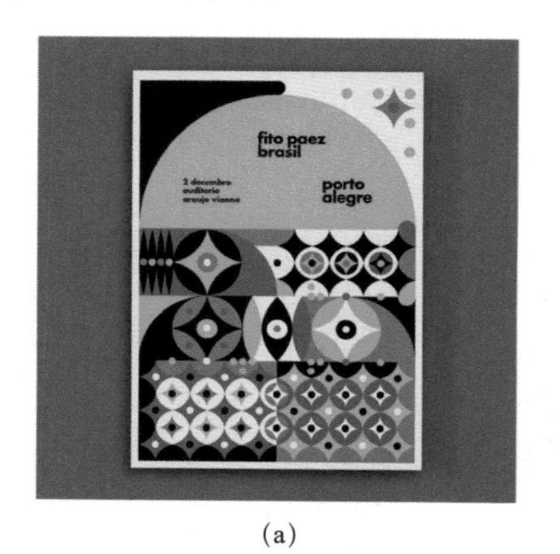

(a)

（来源：花瓣网，https://huaban.com/pins/1423047977）

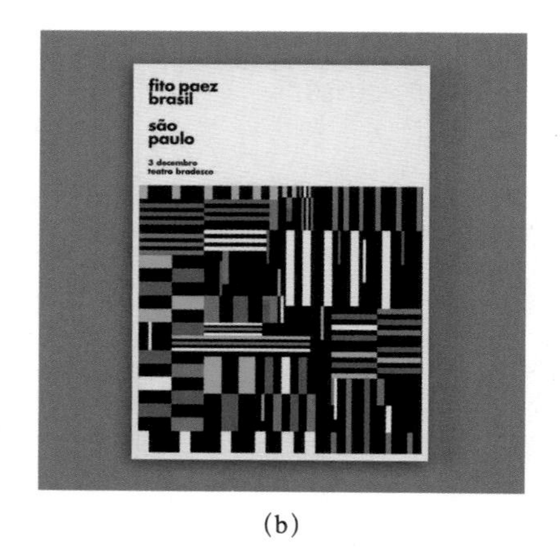

(b)

（来源：古田路 9 号，https://www.gtn9.com/work_show.aspx?ID=FD4AB4AC72EF6D1A）

图6-5　抽象的无机形态在版面中的应用

图6-6　抽象的有机形态在版面中的应用

（来源：古田路 9 号，https://www.gtn9.com/work_show.aspx?id=BB0C5DA513C4E8B8）

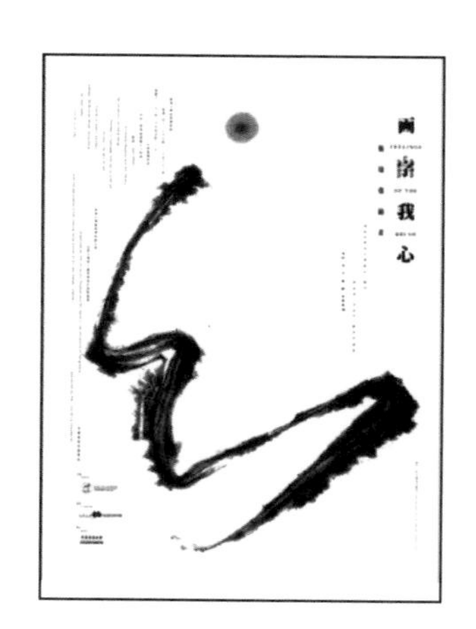

图6-7　墨迹形态在海报中的应用

（来源：中国设计之窗，http://www.333cn.com/zuopin/201750/1_594944.html）

（三）合成图、特效图和拼贴图

1. 合成图

除了经过高超的暗房技术制作合成图片外，现在最常用的工具就是计算机合成，例如 Photoshop 软件、人工智能生图等其功能强大，合成效果真实自然，令人惊叹，是设计师创意表达的利器。合成图在广告设计中尤为常用，图 6-8 所示是果酱的广告，该设计通过将水果剖面图与果酱的图片合成，体现果酱的纯正口味。

(a)

(b)

图6-8　合成图在广告版面中的应用

（来源：知乎，https://zhuanlan.zhihu.com/p/463302471）

2. 特效图

对摄影图片运用计算机软件添加不同的质感和特效，不仅可以弥补原始素材在清晰度上的不足，同时还能引发观者不同的联想和情感，如图 6-9 所示；通过对照片手绘效果的处理，可赋予图片艺术气息，如图 6-10 所示；通过对照片破损、烧灼的效果处理，可带来颓废、陈旧之感，如图 6-11 所示；通过数码点阵处理，会使画面呈现科技与现代之感；而刻意强化照片的印刷网点或是制造圆点来组建画面，如图 6-12 所示，是受到了印刷工艺的启发。设计软件的特效技术为创意的表现带来了无限的可能。

3. 拼贴图

拼贴是指将完整的摄影图片和图形裁剪、打散，再从设计的角度进行重新组合、错叠，它带来的是不稳定、错乱的强烈视觉冲击力，版面上的所有文字信息也会依画面重构，与之形成有机的整体。图 6-13 所示是一组混合了手绘、喷溅、肌理等元素的拼贴艺术作品。设计中元素繁杂而不凌乱，细节丰富，色彩细腻，视觉感染力强。

图6-9 质感特效在海报中的应用

（来源：DOOOOR 设计网，https://www.doooor.com/forum.php?mod=viewthread&tid=5862&highlight=%E6%B1%BD%E8%BD%A6&_dsign=2829ef88）

图6-10 手绘特效在海报中的应用

（来源：素材 CNN，http://online.sccnn.com/html/design/ad/20101129225806%281%29.htm）

图6-11 烧灼破损特效在海报中的应用

（来源：堆糖，https://www.duitang.com/blog/?id=27819478）

图6-12 印刷色网点造型在海报中的应用

（来源：花瓣网，https://huaban.com/pins/478170425）

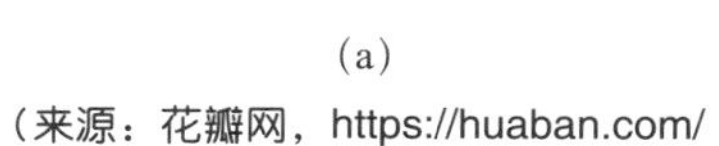

(a)
（来源：花瓣网，https://huaban.com/pins/120651425）

(b)
（来源：花瓣网，https://huaban.com/pins/1049579570）

图6-13　拼贴版式设计作品

二、图像的常用形式

（一）几何形图式

方形图式如图 6-14 所示，是图片中最基本、最简单、最常用的表现形式。它能完整地传达诉求主题，富有直接性和亲和力。构成后的版面稳重、安静、严谨，较容易与读者沟通。除了方形图，其他几何图形也可以作为图像的构成形式，如圆形、三角形等，这样的形式使版面更加活泼，富有个性。

图6-14　方形图式在杂志版面中的应用
（来源：花瓣网，https://huaban.com/pins/2120667790）

（二）出血图式

“出血”是印刷上的用语，指画面延伸至印刷品的边缘。图 6-15 所示是可口可乐公司的宣传册，版面均运用出血图式，图片充满整个版面而不露出边框，具有向外扩张、自由、舒展的感觉。运用出血式构图的版面，动感效果非常强劲，与读者的距离感接近，易产生共鸣，如图 6-16 所示。

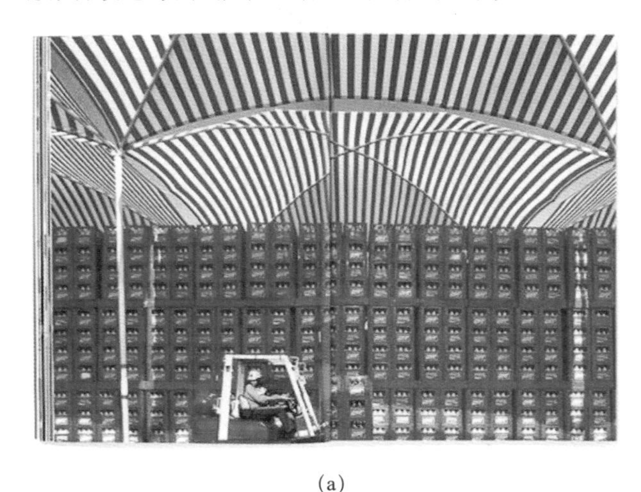

(a)

（来源：素材 CNN，http://online.sccnn.com/html/design/huace/20120601151438(6).htm）

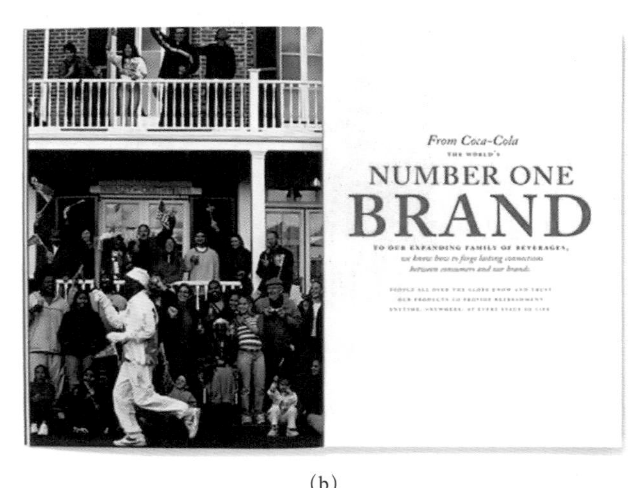

(b)

（来源：设计之家，https://www.sj33.cn/article/jphc/200605/8778.html）

图6-15　出血图式在宣传册版面中的应用

(a)

（来源：搜狐，http://mt.sohu.com/20170505/n491796114.shtml）

(b)

（来源：飞特网，https://www.fevte.com/tutorial-18677-6.html）

图6-16　出血图式在画册版面中的应用

（三）退底图式

退底图式是设计师根据版面内容所需，将图片中精选的部分沿边缘裁剪。图 6-17 所示是宜家家居的产品宣传单页，版面中退底后的图片显得灵活而不凌乱，给人轻松自由、平易近人的亲切感，退底式构图是设计师们常常采用的手法之一。

（四）羽化图式

羽化图式是利用计算机技术减少图片的层次，以便于图片与背景、色块或其他图片的相互融合。这是设计师为了追求版面的特殊效果而常常采用的一种方式，以此来衬托主题，渲染版面气氛。图 6-18 所示是某品牌手表的广告画面。左侧的图片与右侧的产品信息版面就是通过羽化的方式进行衔接的。

(a)

(b)

图6-17　退底图式在宣传单页版面中的应用

（来源：站酷，https://www.zcool.com.cn/work/ZMzgwOTg0.html?）

图6-18　羽化图式在广告版面中的应用

（来源：飞特网，https://www.fevte.com/tutorial-12075-1.html?open_source=weibo_search）

（五）特殊图式

特殊图式是将图片按照一定的形状来限定。图 6-19 所示是特殊图式在电影海报中的应用。设计师创造性地对图片进行加工组合，使版面产生出新颖、独特的新视角。

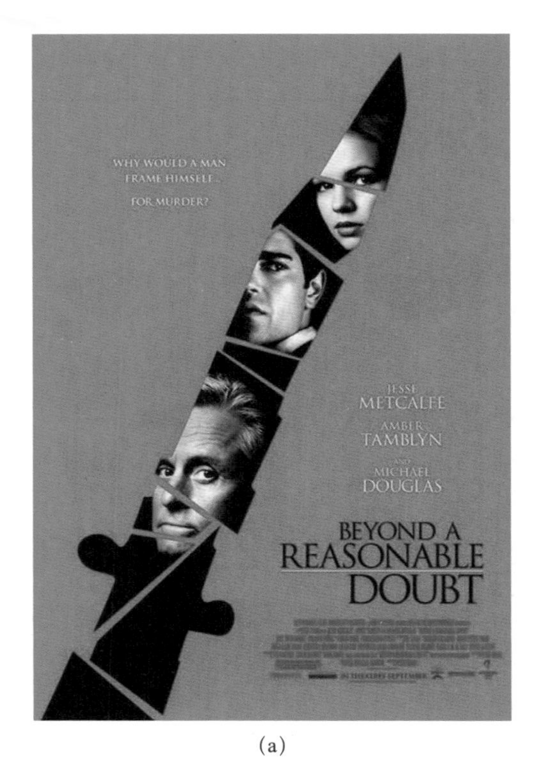

(a)

（来源：大河网，http://newpaper.dahe.cn/jrxf/html/2010/07/02/content_340788.htm）

(b)

（来源：花瓣网，https://huaban.com/pins/149193342）

图6-19　特殊图式在电影海报中的应用

第二节　图像的版面编排

图像是能带给版面生命的重要构成元素，在传达和交流信息中起着至关重要的作用。图片在版式设计中占有很大的比重，具有强烈的视觉冲击力。在这个“读图时代”，图片用更具创造性和感染力的方式吸引人们的视线，具体而直接地传达信息。

下面就从图片的位置、面积、数量、组合分布、方向等方面了解图片的排列方法。

一、图片的位置

图片在版面中的位置直接影响到版面的构图布局，版面中的上下左右及对角线的四角都是视觉的焦点。根据视觉焦点合理编排图片，可以更好地吸引视线，使版面主题明确，层次清晰，如图 6-20 所示。

二、图片的面积

图片的面积直接影响着整个版面的视觉传达效果。一般把用于传达主要信息的图片放大，其他次要的图片缩小，这样可以使整个版面结构清晰，主次分明。这种通过图片面积对比突出主要信息的方式在报纸、杂志及宣传册的版面中特别常用，如图 6-21 所示。

另外，图片使用的面积还与图片的视觉效果和像素质量有关。视觉效果好，像素高的图片一般可以用于较大面积的版面，而像素和尺寸较小的图片，只能缩小其应用的面积。

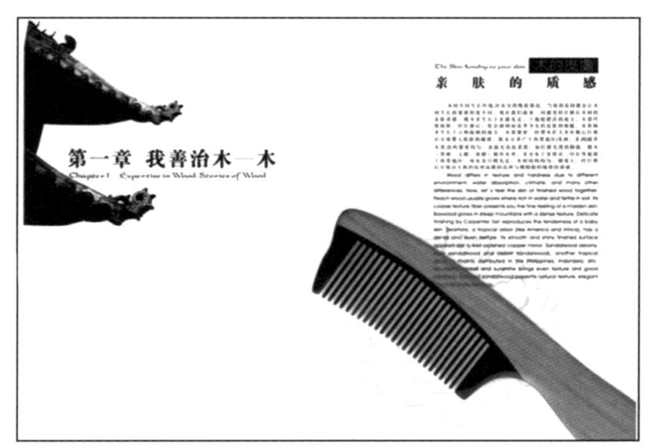

图6-20 宣传册的图片编排
（来源：花瓣网，https://huaban.com/pins/92050165）

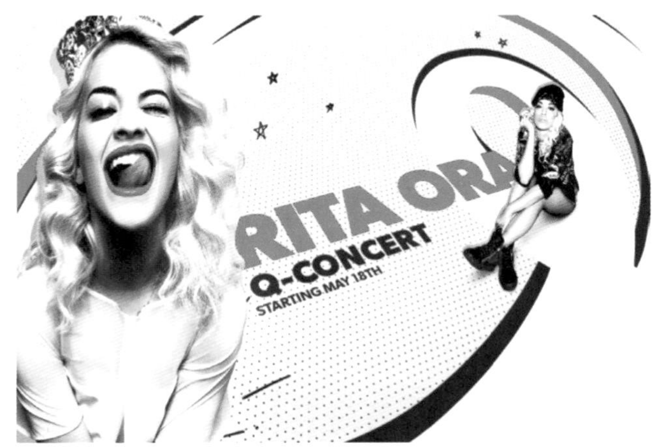

图6-21 Rita Ora演唱会宣传中图片面积大小的对比应用
（来源：黑光网，http://www.heiguang.com/digital/smcy/20170731/73357_2.html）

三、图片的数量

版面中的图片数量也直接影响到读者的阅读兴趣。如果一个版面上没有一张图片且文字编排也没有新意，就会使整个版面变得枯燥无趣。如果只采用一张图片，那么其质量就决定着人们对版面的印象，这张图片就成为显示设计格调的重要因素。

图片数量的增加会给版面带来更多的组合可能性，也增加了版面的信息量。图 6-22 和图 6-23 所示的是两张电影海报的设计，单张图片和多张图片的应用营造了截然不同的视觉感受。但是，图片的数量多少并非随心所欲，需根据版面的信息内容进行精心安排。

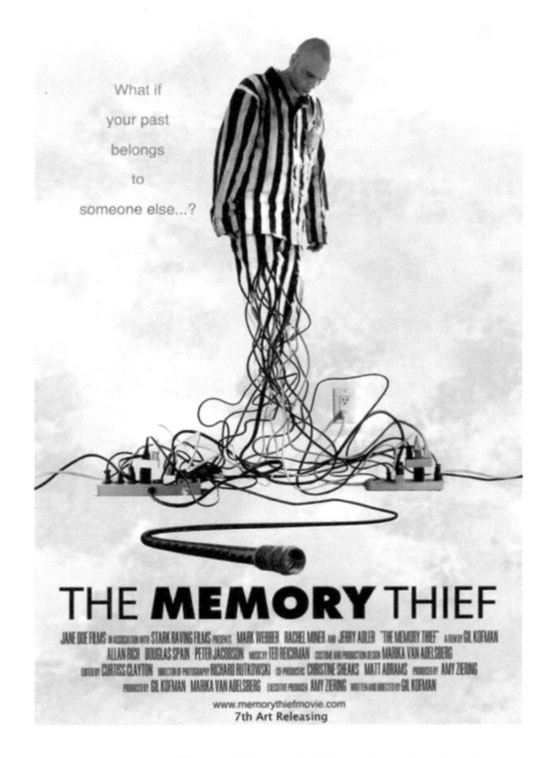

图6-22 单张图片在电影海报中的应用
（来源：花瓣网，https://huaban.com/pins/1564600620）

图6-23 多张图片在电影海报中的应用
（来源：花瓣网，https://huaban.com/pins/151115609）

四、图片的组合分布

图片的组合分布就是把多张图片布局在同一个版面上。图片的布局方式、大小的对比等因素直接影响着版面的视觉效果。图 6-24 所示为图片大小均等，在版面中呈对称或镜像式的布局排列，这样的版面给人非常稳定、安静的视觉感受。图片高度或宽度均等，排列齐整的版面给人严谨、可信赖的视觉感受。如图 6-25 所示，图片大小变化大，布局形式丰富的版面给人起伏和跳跃感。不同的组合分布方式对版面的视觉效果有很大的影响，设计师需根据设计主题反复斟酌。

图6-24　图片大小均等的版面编排
（来源：花瓣网，https://huaban.com/pins/118058479）

图6-25　图片大小变化大，布局形式丰富的版面编排
（来源：花瓣网，https://huaban.com/pins/132673294）

五、图片的方向

图片的方向性主要表现为图片本身的画面元素影响着整个版面的视觉效果。图片的方向性可以通过图片上人物的姿态、视线等获得。图 6-26 所示是法国航空公司的一组平面广告。设计师利用图片方向性原理，使广告画面处处充满着法式的浪漫与优雅，把蓝天的清新和法航的轻盈与舒适描绘得让人心旷神怡、充满向往。

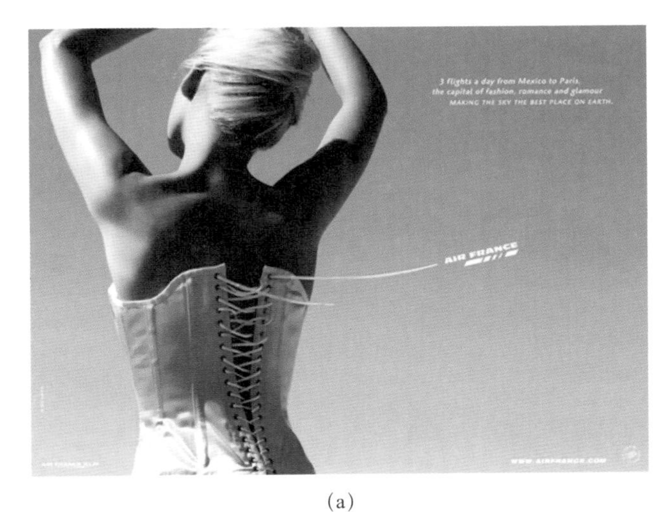

(a)

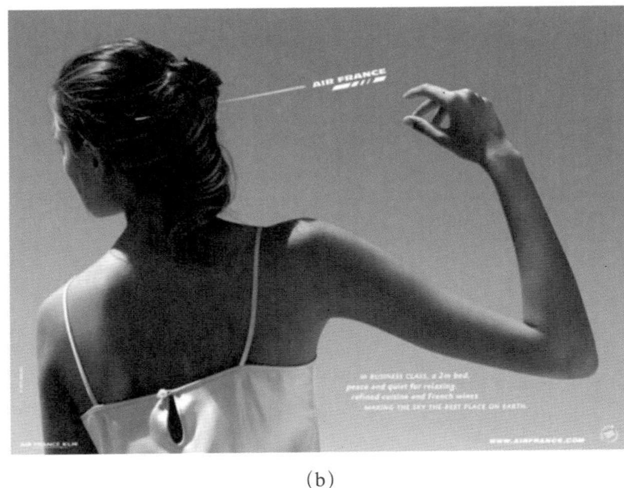

(b)

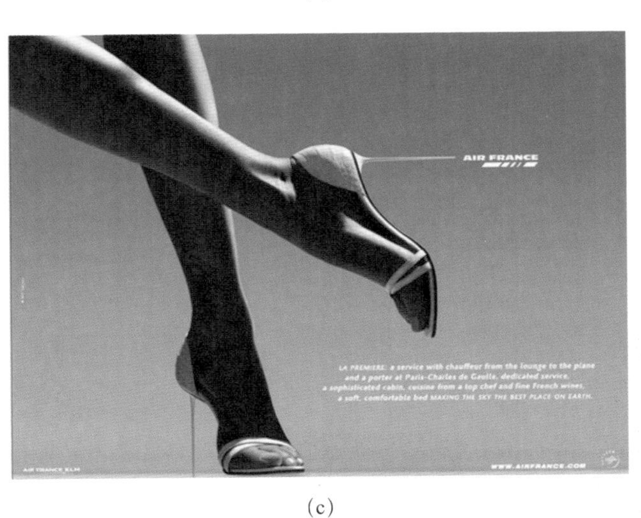

(c)

(d)

图6-26 图片的方向性原理在广告中的应用
（来源：生态体，https://www.mlito.com/design/35048.html）

家居或时尚类杂志版面设计

设计任务及要求如下。

（1）任选家居类杂志或时装类杂志，杂志栏目和内容不限，可选择自己熟悉或感兴趣的内容，完成 4 ～ 6 页的版面设计。

（2）运用计算机软件完成杂志版面的设计排版，注意图片的表现形式。

杂志版式设计

杂志也称期刊，是一种定期出版物，有固定名称，并以期、卷、号或年、月为序，定期或不定期连续出版的印刷读物。按内容分，可将杂志分为综合性期刊与专业性期刊两大类；按学科分，可将杂志分为社科期刊、科技期刊、普及期刊三大类；按开本分，可分为大 16 开、16 开、大 32 开、小 32 开等。

杂志的封面分为封一、封二、封三、封四。封一即封面，杂志的封二、封三、封四通常为广告页。杂志中有很多文章，编排时要注意页面的整体性，使页面展开后具有连贯、统一的视觉效果，如图 6-27 和图 6-28 所示。

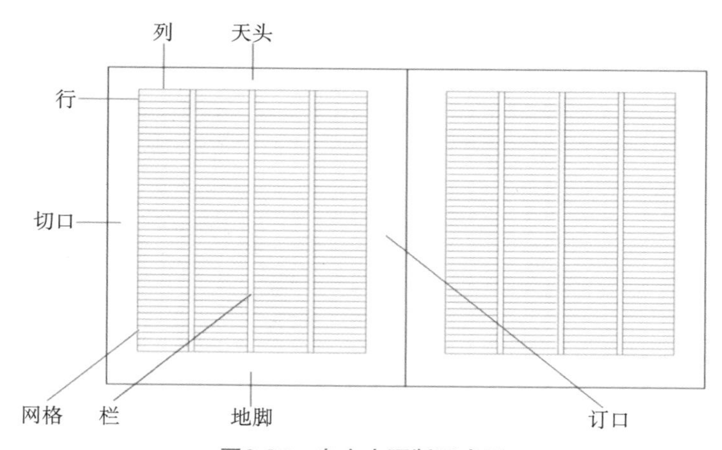

图6-27　杂志内页版面术语

图6-28　杂志内页版面设计

思考题

1. 图像有哪些分类？
2. 如何区分合成图、特效图和拼贴图？
3. 图像有哪些常用形式？
4. 图像排版要考虑哪些具体方面？

第七章

版式设计中的文字

学习要点及目标

(1) 熟悉字体的分类和特征,能在设计中灵活选择适合的字体。

(2) 掌握根据版面信息的层级有效设置字符规格、字距和行距。

(3) 掌握常用的文字编排方式,能够在设计中灵活运用。

(4) 理解文字图像化和装饰化的设计思路。

本章导读

文字是版式设计中最重要的构成元素,是人们交流和传达信息的主要手段。在版式设计中,文字不仅仅局限于信息传达,更是一种艺术的表现形式。

文字编排是设计师工作中最基本的内容,也是设计师设计能力和设计水平最基本的考核环节。优秀的设计师往往能很好地根据设计信息的不同层级,设计出引导视觉阅读流程的版面,突出信息的重点,提高信息传播的效率,优化信息传递的效果,引领人们时尚审美的新视角。

第一节　了解和选择字体

一、字体的分类

版式设计中最基本的元素就是文字。字体是指文字的风格款式,也可以理解为文字的图形样式。平面设计中的字体主要是指为了印刷媒介的需要而设计出的适合制版印刷的字体。虽然一个世纪以来,文字的若干细节有了一些变化,但字体的基本构架却没有太大变化。

自 20 世纪 80 年代以来,计算机的字库提供了各种风格类型的字体供设计师选用。同时,类型繁多的字体使得版式设计越来越富有挑战性。当今设计师必须不断地感受与体会不同字体的风格类型和视觉效果，为不同的设计主题选择最为贴切的字体，进行有效的信息传达。

（一）汉字字体

汉字又称为中文字，是记录汉语的文字。汉字也是世界上运用人数最多的文字形式，是世界文明史上历史最为悠久的文字之一。汉字随着时代的发展，演变成了众多字体形式。

1. 书刻字体

书刻字体主要是指书写或碑刻的文字字体。在中国文化中，书法是一门举足轻重的艺术。书法作为一门艺术出现在汉末魏晋。中国书法从字体类型上主要分为篆、隶、楷、草、行 5 类。书法与中国文化之道紧密相连，它反映自然之象，体现结构之美，是中华传统文化的精髓。

（1）篆书

篆书起源于周朝末年，流行于战国时的秦国一带，至秦始皇时达到鼎盛，汉代开始衰退。习惯上人们把东周时秦国的石刻称为大篆，而秦始皇时流行的篆书称为小篆。大篆如图 7-1 所示，线条均匀柔和，简练生动，结构趋向整齐，为汉字的方块字结构奠定了基础。小篆如图 7-2 所示，形体简化，线条规范化，笔画匀整圆润，结构规整，装饰性强。

（2）隶书

隶书又称为八分字，是在篆书和秦隶的基础上演化而来的。到了汉代，隶书得到了广泛采用，并逐渐走向完善和成熟。隶书如图 7-3 所示，字形变长方为扁方形，笔画以方线为主，方中带圆，字形舒展，结构均衡，华贵、端庄、气度宏博。

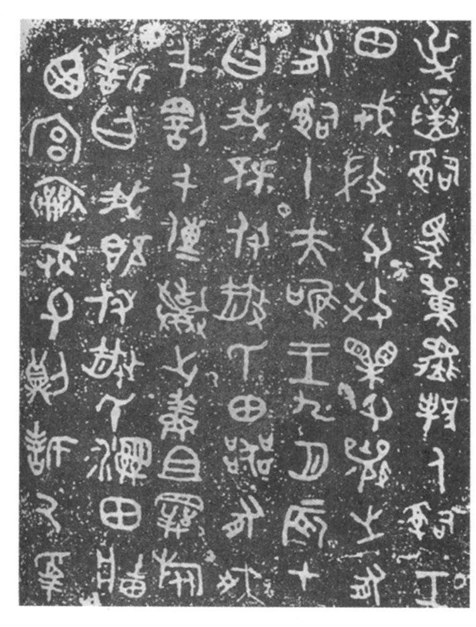

图7-1 大篆
（来源：中国作家网，http://www.chinawriter.com.cn/meishu/2016/2016-02-19/265746.html）

图7-2 小篆
（来源：花瓣网，https://huaban.com/pins/3735713220）

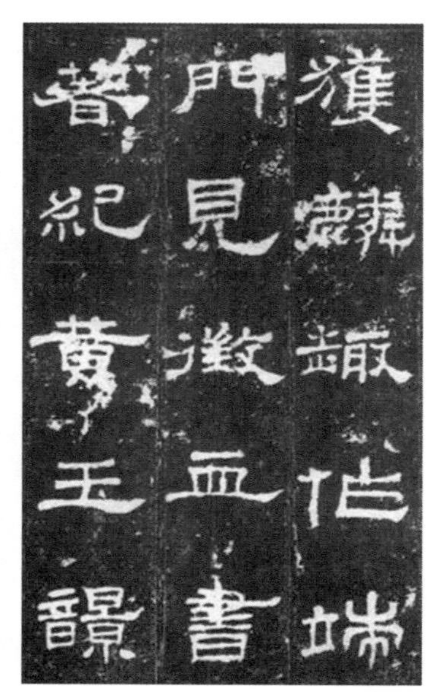

图7-3 隶书
（来源：搜狐网，https://www.sohu.com/a/304719117_120046706）

（3）楷书

楷书起源于魏晋时代，南北朝时分流发展，到隋开始融合，入唐以后开始成熟并出现了众多楷书艺术家。楷书如图 7-4 所示，变隶书的扁方为正方，字势向内集中，确立了汉字的结构和形体，笔画平直，字体方正，工整秀丽，强调结构的平整美。

（4）草书

楷书的草体叫草楷或今草，介于行书与草书之间的可称为行草，草书之上还有狂草。汉末到魏晋的草书还带有隶书的味道。到东晋，经过王羲之的“变体”，草书才脱胎换骨。唐代草书趋于成熟并出现了众多名家。草书如图 7-5 所示，字形简化，结构紧凑，笔画以圆、曲线为主，节奏强烈，似行云流水，流畅而充满激情。

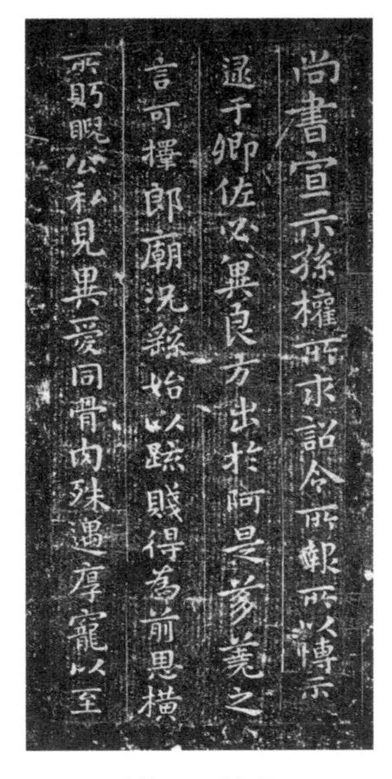

图7-4　楷书

（来源：百家号，https://baijiahao.baidu.com/s?id=1622975663596275748&wfr=spider&for=pc）

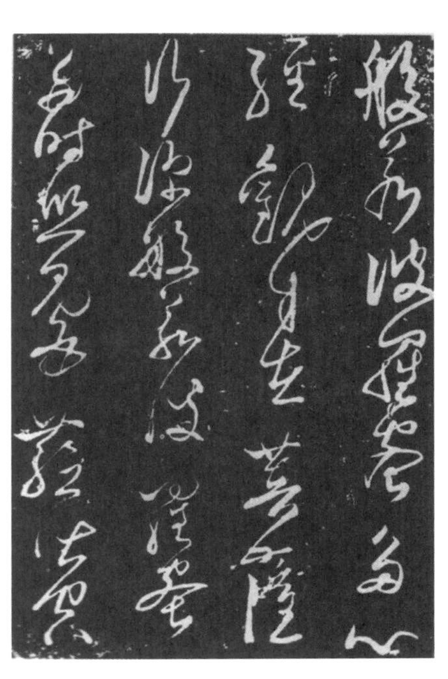

图7-5　草书

（来源：个人图书馆，http://www.360doc.com/content/13/1107/22/13335947_327540935.shtml）

（5）行书

行书是介于楷书与草书之间的一种书法艺术。东晋的“书圣”王羲之尤其擅长行书。其代表作是《兰亭集序》，号称“天下第一行书”。在行书方面，宋代的苏轼、黄庭坚、米芾、蔡京也很有名气。行书如图 7-6 所示，简化了楷书的笔画，采用草书连绵的笔法，笔画结构流畅洒脱，气脉相通，格调清新，活泼自由。

图7-6　行书

（来源：网易，https://www.163.com/dy/article/DI2V3ERK052182IJ.html）

2. 印刷字体

印刷字体的出现具有里程碑式的意义，它使得汉字笔画及结构得到了固化，汉字得到更广泛的传播，成为信息交流的主要载体。

（1）宋体

宋体是我国印刷体中历史最长、应用最广的活字，是中国汉字标准的印刷体。现在所谓的宋体是对各种宋体的总称，主要有：老宋体、标宋、粗细宋体、明宋等字体，是在北宋雕版字体的基础上发展而来的。

宋体的笔画造型外形方正，笔画横平竖直，横细竖粗，笔画连接处有装饰角，点、撇、捺、挑、钩的最宽处与竖画粗细相同，细节如图 7-7 所示。“横细竖粗撇如刀，点如鹤嘴捺如扫把”这句话形象地概括了粗宋体的笔画特征，如图 7-8 所示。宋体的字体风格规矩稳重、典雅工整、严肃大方、具有古朴、端庄、稳重之感，如图 7-9 所示。

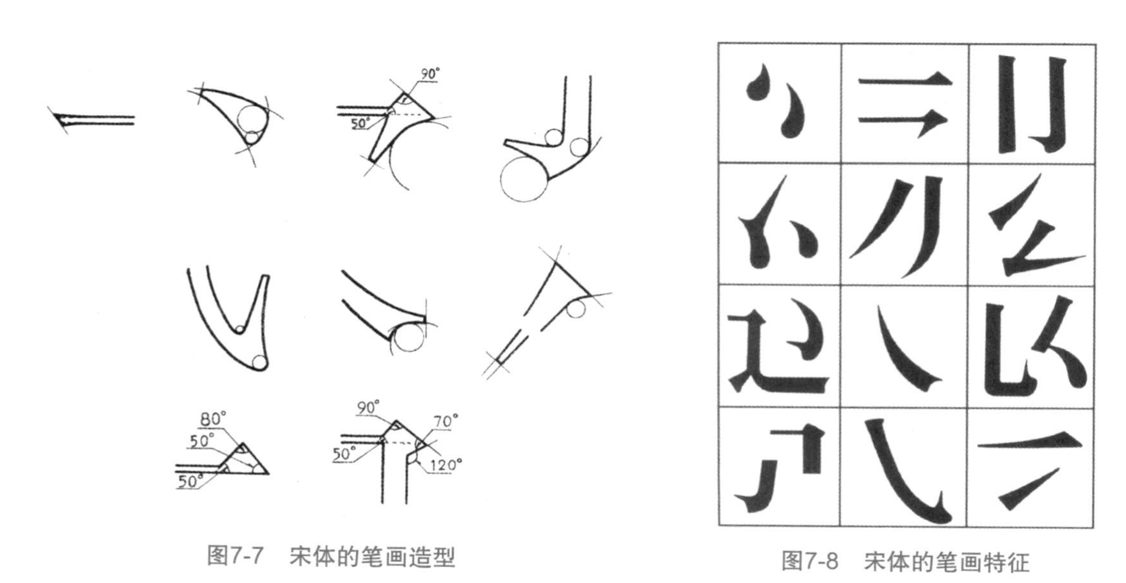

图7-7 宋体的笔画造型

图7-8 宋体的笔画特征

典雅工整，古朴端庄

图7-9 宋体的字体风格

（2）黑体

汉字黑体字的产生与 19 世纪初菲金斯（英国）设计的无衬线体是分不开的。这种无衬线体的特征是笔画粗细相等，两端无装饰线脚，具有粗犷、醒目的风格，后通过商贸传播到日本，并融合到日文中，大约在 19 世纪末形成了汉字的黑体字。

黑体字与宋体的形态相反，所有的笔画粗细一致，方头方尾，如图 7-10 所示。黑体字具有简洁、明快、浑厚有力、传达力强的视觉特征，如图 7-11 所示，在现代设计中应用非常广泛。设计师也多以黑体为基础，设计新颖而有特点的设计字体。

（3）仿宋体

仿宋体是介于宋体与楷书之间的一种书体，最初源于雕版书体正文中的夹注小字。字形细而略长，以示同正文的区别。它的特征如图 7-12 所示，笔画粗细均匀，起、收笔顿挫明显。整体风格挺拔秀丽、纤巧俊逸，如图 7-13 所示。经过历代发展，这种字体逐渐固定为一种印刷字体，并沿用至今。

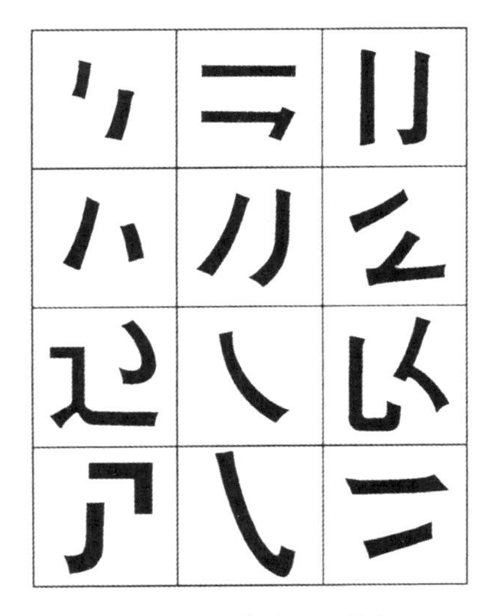

图7-10　黑体的笔画特征

简洁明快，浑厚有力

图7-11　黑体的字体风格

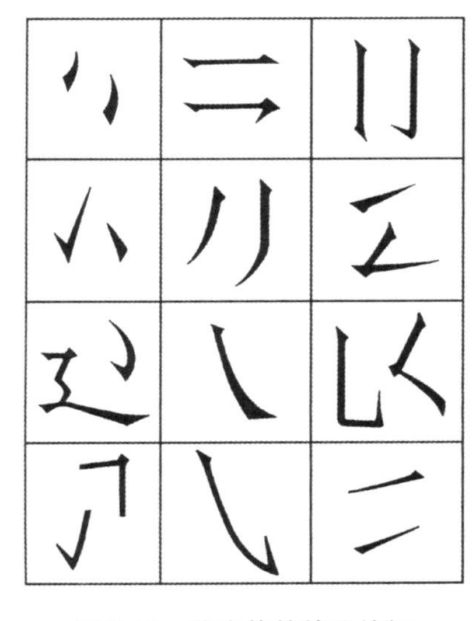

图7-12　仿宋体的笔画特征

挺拔秀丽，纤巧俊逸

图7-13　仿宋体的字体风格

(4) 现代印刷体

随着计算机技术的广泛应用，印刷已由原来的铅版印刷发展到今天的激光照排，甚至已大量出现了无版印刷。铅字模已成为历史，印刷体的概念也发生了巨大的变化。

计算机技术的广泛应用推动了印刷领域的快速发展，设计师可以根据具体需要设计出形态各异的设计字体，并能很快地印制成成品。文字的形态得到了前所未有的突破，从而推动了字体设计行业的迅猛发展，出现了专门从事字体设计的机构和公司。这些机构和公司不断推出新型的计算机字库，如方正字库、汉仪字库、文鼎字库等。图 7-14 所示是汉仪字库中的几种具有代表性的字体。这些字库大大满足了设计师的需求，提高了设计和印刷的效率。

（二）拉丁字母字体

拉丁字母是世界上使用地域最广泛的文字，世界上应用拉丁字母的国家有 60 多个，我国的汉语拼音和一些少数民族的文字也都采用了拉丁字母，拉丁字母可以认为是世界上通用的字母。

拉丁字母经过漫长的历史演变，形成了多种多样的字体体系，字形结构及其字幅差的比例往往相差甚远。拉丁字母字体体系可分为罗马体体系（见图 7-15）、哥特体体系（见图 7-16）、埃及体体系、无饰线体体系（见图 7-17）、手写体体系、装饰体体系（见图 7-18）、图形体体系，每种体系里各自又有一些字体。每年都有数不尽的“新款”字体被开发制造，如图 7-19 所示，但只有极少数字体能经得起时间的考验。

汉仪综艺简体　汉仪双线简体
汉仪火柴简体　汉仪秀英简体
汉仪菱心简体　汉仪漫步简体

图7-14　汉仪字库中的字体

ABCDEFGHIJKLMNOPQRSTUVWXYZ
abcdefghijklmnopqrstuvwxyz

图7-15　现代罗马体（Times New Roman）

ABCDEFGHIJKLMNOPQRSTUVWXYZ
abcdefghijklmnopqrstuvwxyz

图7-16　哥特体（GothicE）

ABCDEFGHIJKLMNOPQRSTUVWXYZ
abcdefghijklmnopqrstuvwxyz

图7-17　无饰线体（Arial）

ABCDEFGHIJKLMNOPQRSTUVWXYZ
abcdefghijklmnopqrstuvwxyz

图7-18　装饰体（Acadian）

ABCDEFGHIJKLMNOPQRSTUVWXYZ
abcdefghijklmnopqrstuvwxyz

图7-19　现代像素体（04b_03b）

二、字体的选择

文字在版式设计中是重要的视觉传达元素，文字的字体样式不同，所呈现的版面风格也有所差异。每一种字体都有它的性格、特点，而不同的性格、特点的字体又会给观者不同的视觉感受。因此，作为设计师，熟悉并掌握各种字体的性格特征和造型风格，有助于合理地运用字体，提升设计作品的传播力。

从传达信息的角度看，商业设计中的文字可分为：标题、副标题、正文、附文等，如图 7-20 所示。设计师必须根据文字内容的主次关系，采用合理的视觉流程进行编排，根据不同版式需求选择不同的字体，在吸引大众目光的同时更好地传达信息。

图7-20　商业设计中的文字信息

（来源：站酷，http://www.zcool.com.cn/work/ZMTc0MjI1Ng==.html）

中文字体中，黑体简洁明了，现代感强，笔画粗细变化多，便于应用，如图 7-21 所示。宋体给人大方、典雅的感觉，而且具有传承中国书法艺术的造型细节，无论是作为标题还是正文，都给人精致独特的视觉感受，如图 7-22 所示。传统的书法字体洋溢着中国传统书法艺术的魅力，独特而彰显文化气息，如图 7-23 所示。

(a)

（来源：花瓣网，https://huaban.com/pins/1728271253）

(b)

（来源：花瓣网，https://huaban.com/pins/1578397803）

图7-21　黑变体在版面中的应用

不同的字体代表不同的风格，而字体选择的核心是要与所传达内容的主题相符，并要与整体版面的图形和文字风格相协调。

字体在版面中可以根据版面的主要传达内容而不断变化。但在一个版面中，字体的种类一般不超过 4 种，字体种类过于繁杂会扰乱版面的整体风格。一般较正式的版面在编排文字时不会太强调文字的字体变化，而是以一种规整严肃的字体形式编排在版面中，给人稳定、可信赖的心理感受。

图 7-24 所示的是哈尔滨学院的宣传册设计方案，版面设计规整，图片用数字切割过渡，衔接自然得体。版面中字体以稳重大方的宋体字为主，字体种类也较为单一，强化版面的整体感，以体现标准化、国际化的形象理念。

图7-22　宋体在书籍封面中的应用
（来源：花瓣网，https://huaban.com/pins/20208022）

图7-23　书法字体在书籍封面中的应用
（来源：堆糖网，https://www.duitang.com/blog/?id=389911165）

(a)　　(b)

图7-24　宣传册版面设计中的字体运用

但一些具有宣传性的活动介绍、封面设计、招贴设计的版面则要求文字尽可能地提高跳跃率，在众多信息中脱颖而出，体现出版面活跃的视觉效果。图 7-25 所示是某电子商务网站促销活动的网络广告设计方案，画面运用插图和个性化的手写字体吸引眼球，烘托氛围。

图7-25　网络广告设计中的字体运用
（来源：站酷网，http://www.zcool.com.cn/work/ZMTcyNjAyMA==.html）

第二节　字符规格、字距与行距

文字最主要也是最基本的功能就是传播信息，文字编排要服从表达主题的要求，符合人们的阅读习惯，方便读者阅读。因此，掌握字符规格的设置和行距、间距的设置非常重要。

一、字符规格

字符规格是指从笔画最顶端到最底端的距离，即字符的大小。国际上常用的字符规格有号数制和磅数制。设计排版软件中字符规格的设置多为磅数制。

设置字符规格的主要作用是通过字体大小区分不同的文字信息，使文字信息产生一种具有逻辑性与组织性的视觉效果，引导阅读的流程。例如，一篇文章的大标题一般采用较大磅值或者较粗的字体来体现它的重要性，然后根据阅读需要依次缩小字体大小的磅值，从而实现方便读者阅读的视觉效果，如图 7-26 所示。

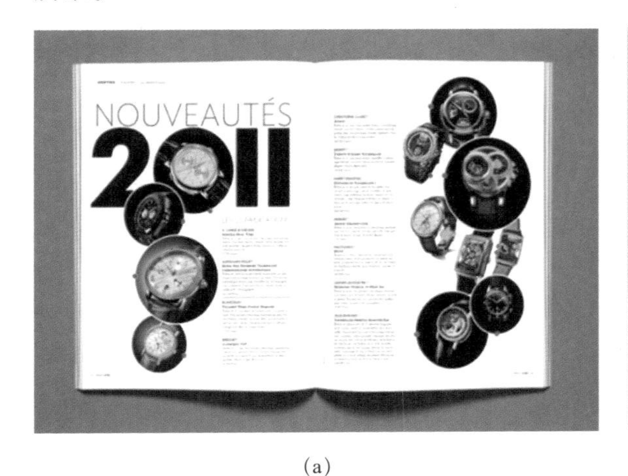

(a)

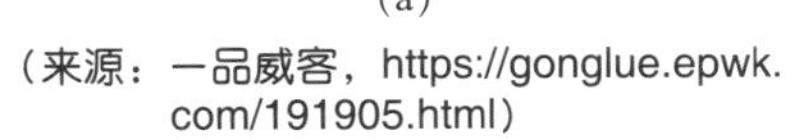
（来源：一品威客，https://gonglue.epwk.com/191905.html）

(b)

（来源：花瓣网，https://huaban.com/pins/1319849147）

图7-26　宣传册设计中字符大小的应用

字体大小和笔画粗细的不同可以直接影响到版面效果。在版面设计中，标题所使用的字体最大、最突出、最醒目，正文的字体就要减小，副标题字体的大小则要介于标题字体与正文字体之间。标题文字可以选择笔画粗的字体，以增强视觉冲击力，吸引观者的注意力，而正文要根据文字的多少、印刷工艺的要求等选择字体的笔画粗细。例如杂志的封面设计，刊名往往采用笔画较为粗重或造型极具特点的字体以吸引读者视线，不同层级的标题则通过字体和字号逐级减弱，形成不同的信息层级，如图 7-27 所示。

在版面设计中，运用不同风格的字体，同时通过字体大小、粗细的强烈对比，会使设计画面更加生动、活跃，在有效传达信息的同时富于视觉冲击力，如图 7-28 所示，版面活泼，文字信息层级清晰，有很强的视觉冲击力和感染力。

人的正常阅读距离为 30 ~ 35cm。普通开本的小型印刷品，正文所用字符的规格应该限制在一定范围内，太大或太小都不便于阅读。书籍或普通印刷品的正文大小适用 9 ~ 12 磅的字号，报刊正文最常用的字符规格为 9 磅。书刊中的图注和名片、信笺上的地址、电话号码等内容可用小于正文文字的字符进行编排，但要注意，不足 6 磅的字符难以阅读。

(a)
（来源：花瓣网，https://huaban.com/pins/125778817）

(b)
（来源：设计之家，https://www.sj33.cn/article/fengmian/201610/46478.html）

图7-27　杂志封面的文字层级
（来源：https://www.douban.com/photos/photo/2157123822/）

(a)
（来源：美编之家，http://www.aehome.cn/portal.php）

(b)
（来源：花瓣网，http://huaban.com）

图7-28　报纸版面设计中的文字编排

大型印刷品如海报、教学挂图中的字符，应根据其版面尺寸和阅读距离确定字符规格。而少儿读物和老年书刊中的字符要相对设置得大些。一般来说，老年人很难看清小于 10 磅的字符。

值得注意的是，由于计算机显示的页面大小很难与最后印制的幅面一致，所以字体的大小难以在显示器上准确地显示出来。同样，直角平面、投影显示与印刷纸张是完全不同的媒介，很难在比例上相互对应。所以，设计师应该配备一张字体字符的样张，为字符规格的选择提供依据。

二、字距与行距

字距与行距也是决定版面形式和影响阅读的重要因素。在设置字距和行距时，首先要考虑阅读的便利性。文字编排的疏密直接影响着阅读者的心情与阅读的速度，所以合理设置文字的疏密是很重要的。可以结合点、线、面的知识，把单个文字看作点，文字有秩序、有规律的编排形成线和面，引导视觉流向，达到良好的版面效果，如图 7-29 所示。

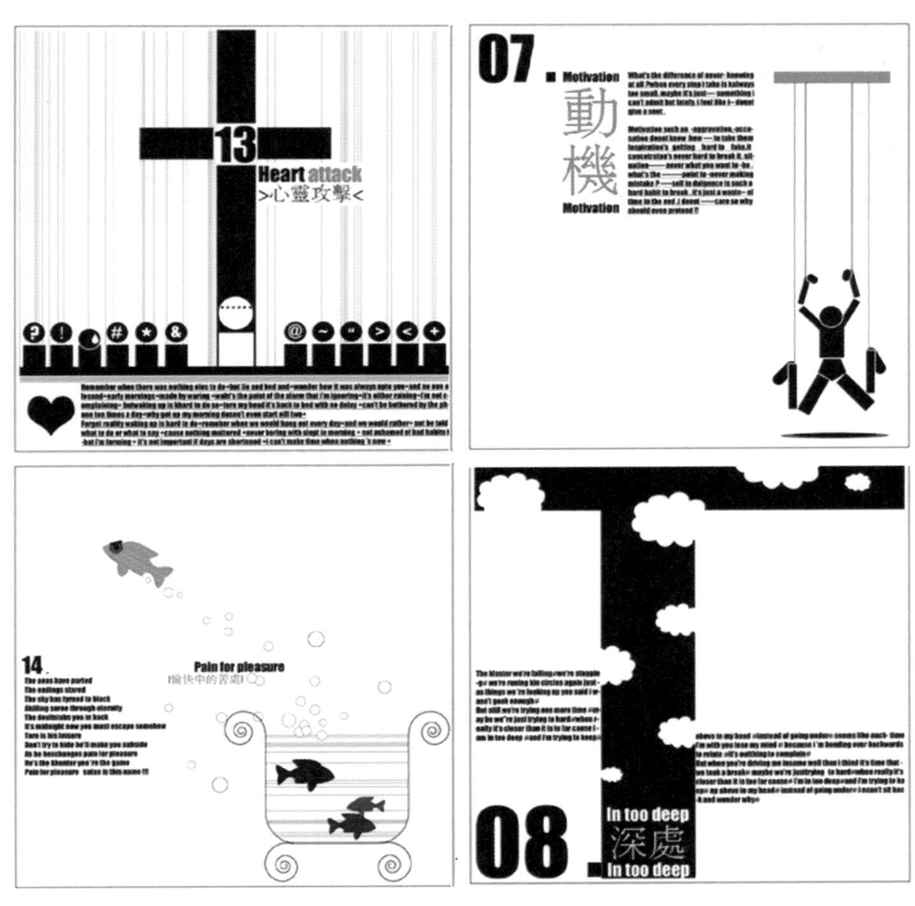

图7-29　自由版式设计中的点线面构成（1）
（设计者：李明）

设置字距与行距在传播信息的同时还可以作为创意设计表现的手法，形成版面风格。图 7-30 所示是某艺术展的相关印刷品设计，包括海报、请柬和门票。该艺术展由黑白两方代表不同艺术观点的艺术作品构成，海报则设计成强烈对比的黑白两色，版式上利用中英文字体大小及字距、行距的自由编排形成主要视觉和信息元素。请柬和门票则沿用这一创意点和主视觉元素，强化字体编排的设计效果和版面风格。

(a)

(b)

图7-30　自由版式设计中的点线面构成（2）

（设计者：贾云淞）

第三节　文字编排的方式

文字排列的方式决定阅读的效果，设计师要根据表达的主题和设计风格的需要选择文字的排列方式。文字编排的方式不同，版面的规整程度和阅读流程也有所不同。文字编排的方式多种多样，关键在于如何把握好文字和图片的关系，使它们达到相互融洽的效果，使信息得到有效的传播。归纳文字的编排方式，常用的主要有以下几种。

一、左右齐整

左右齐整的编排方式是指文字横排时段落左端到右端的宽度保持一致，竖排时上端到下端的高度保持一致。出版物的正文大多以此方式排印。左右齐整的编排使文字段落显得规整、严谨、大方、美观。左右齐整的版面可分为横向排列和纵向排列两种。

（一）横向排列

横向左右齐整的字体排列方式在书籍、报纸、杂志正文最为常见，如图 7-31 所示。

（二）纵向排列

文字纵向上下齐整是中国传统书籍文字编排的典型方式，所以在表现传统主题的中式风格中常常运用这种排列方式，以体现儒雅的东方韵味，如图 7-32 所示。

Left something behind, spent something lavishly and found something back. A couple named Juan Pan and Cheng Jiang are from Ningbo, they started their business together eighteen years ago. They have lived and worked together ever since. They decided to break up because of their difference on business. Before they actually broke up, they wanted to go to Yardang No Man's zone to rethink about their future. After holding each others hands for four days and three nights, they hugged each other sincerely. They left their differences behind at Gobi, they spent their passion lavishly and found their true love back. They say, 'do not dwell on the past and start to build the future.' Which touches the organizer Under the Pipal deeply.

Yardang hiking had the qualities that entrepreneurs liked— — extreme and craziness. Entrepreneur from Shenyang named Shu Yong who did not like exercising, she stayed in the end of the team during hiking. She gave herself one goal and one goal only, if she couldn't walk fast, then she must finish this competition with her supreme courage and her biggest smile. In the end, she finished her goal. At the camp, during the award ceremony, she smiled even though her feet blistered. Her testimonial was that maybe only a few people would join this hiking. Entrepreneurs are persevering hikers. Entrepreneurs have extreme aims, crazy actions and perseverance.

Some people joined this activity to relax, well the others joined this activity for self-reparation and search for inner voice. Juan Li from Zhong Shan is a golden bachelorette. Even though her score was canceled after she lost her bracelet, but she still insisted on finishing the competition. She said, ' I did not come here for the competition and the only competitor during racing is myself.' She had experienced a lot, the ups and downs of business and the loneliness of her love life. Her original intentions of coming to Yardang were to relax herself, repair and search for her childhood wishes. She also wanted to find a spiritual ballast.

The other member Yu Lan came from Fujian joined Yardang hiking to bring love back. In the end, she said that although she did not brings love back, but she brought herself back.

Where is the peach garden for Chinese elites? In over 1500 years of elite culture society, is there a peach garden for us to release our thought and passion? Entrepreneur Bo Li from Taiyuan, walked solely in silence everyday, the only thing he did was picking up garbage that was left in Gobi. His aims were walking, thinking and communicate with nature. We did not know his conclusion cause he barely talked, but picking up trashes and redemption is the best thing. His image of walking with trash will be remembered by us and kept by camera.

Modern education system lacks of natural education.

An entrepreneur Tie Liu from Shanxi said,' I always felt like there is something missing from home and school education. Coming to Yardang hiking, we did not set a goal for my kid, we just wish to give him a chance to think by himself.' He joined this activity with his thirteen-year-old son Jianxi Liu. They stumbled along the way, but they insisted on finishing the competition. When the kid's shoes broke, he walked in bare feet. Father and son walked out of Yardang together. Looking back, Jianxi Liu shared with us that he was influenced by the environment and he became more confidence and finally was able to speak in front of other people.

The existence of human and social standards has its scientific, social, and holy nature, as well as natural nature. The president of Matchless Mouth, Sihong Gai. He brought his elite members and teams along with him. After finished the hiking, he realized that the there is beauty in the movement of the sky, there is morning in every season. Gentlemen need to keep fighting and as flexible as water, as well as persevere as Yardang Gobi. He also said, ' I has been chastened by hiking through Yardang, Gobi and depopulated zone because of self-damage. I found my inner voice and go beyond myself through hardship. I truly realized the insistent, sacrificial and enduring spirit of Nanbanian and this spirit was revealed to my team in a unique way. My team and I have created our own story of Yardang hiking. School teaches students, yet the nature teaches the school.' Elocutionist did a impromptu speech at the depopulated zone and express his thankfulness for the nature.

(a)　　　　(b)

（来源：有赞网，https://detail.youzan.com/show/goods?alias=3et3jalo7rkcx）

（来源：北京路途广告有限公司，http://www.lutumedia.com/detail-9-2461-c.html）

图7-31　横向左右齐整的编排方式在杂志排版中的应用

图7-32　纵向上下齐整的编排方式在宣传册排版中的应用

（来源：红动中国，https://sucai.redocn.com/huace_2623292.html）

二、中央对齐

中央对齐的编排方式是指以中心线为轴心，两边的文字距页边的距离相等。这种编排方式的特点是使视线更加集中，整体性加强，更能突出中心。

文字中央对齐的方式不太适合编排信息量较大的正文，但十分适合编排标题，常用于书籍封面或海报的设计。图 7-33 所示是德国设计师的海报作品，其版面就应用了中央对齐的文字编排方式，这类版面给人简洁、大方、高格调的视觉感受。

(a)

（来源：https://www.cnlogo8.com/logoshangxi/chuangyisheji/96290.html）

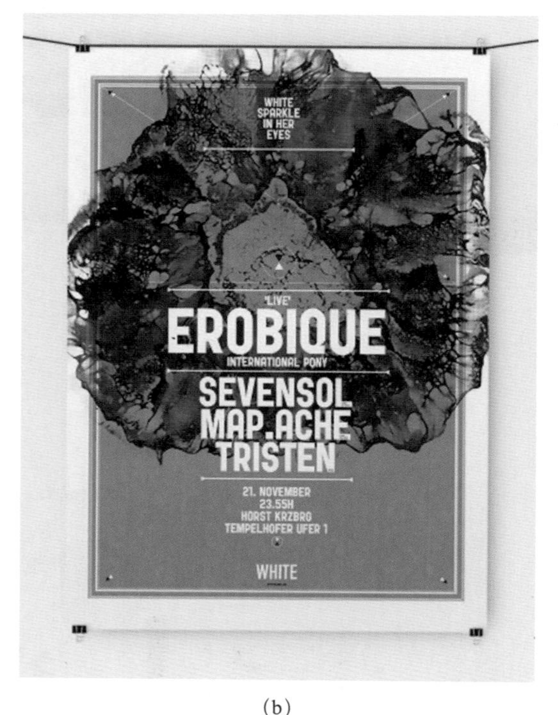

(b)

（来源：花瓣网，https://huaban.com/pins/119676700）

图7-33　德国设计师Jan Kristof Lipp的海报作品

三、左对齐与右对齐

左对齐与右对齐的排列方式如图 7-34 所示，这种排列方式空间感较强，使整个文字段落能够自由呼吸，具有很强的节奏感。左对齐是阅读中最常见的编排方式，符合人们阅读时的习惯。右对齐在版面中不常见，它可使版面具有新颖的视觉效果。

四、自由编排

自由的文字编排方式打破了文字编排的常规，使版面更趋活泼感和新奇感，形成独具特色的版面效果。图 7-35 所示是 *Vs* 杂志的封面设计。为表现音乐的主题，设计师运用自由版式的编排方式，文字随着画面流动，表达音乐灵动、舒缓的节奏感，极富感染力。

但值得注意的是，版面无论如何编排，都要避免杂乱无章的感觉，要遵循视觉规律。这类编排方式需要设计师花许多时间和精力反复调整，但确实为版面设计提供了无限的可能性。常用的自由编排方式有以下几种类型。

（a）

（来源：花瓣网，https://huaban.com/pins/1425601372）

（b）

（来源：花瓣网，https://huaban.com/pins/737178383）

（c）

（来源：花瓣网，https://huaban.com/pins/1002232996）

图7-34　左对齐和右对齐排列方式在海报中的应用

（a）

（来源：花瓣网，https://huaban.com/pins/673065642）

（b）

（来源：花瓣网，https://huaban.com/pins/1484042848）

图7-35　*Vs*杂志封面设计

（一）倾斜

倾斜的编排方式如图 7-36 所示，是指将整段或整句文字排列成倾斜状，构成非对称的画面平衡形式，使版面具有方向感和运动感，给人强烈的视觉冲击。这种编排方式常用于招贴的设计中。

（a）

（来源：花瓣网，https://huaban.com/pins/671454451）

（b）

（来源：花瓣网，https://huaban.com/pins/1246740078）

图7-36　倾斜的编排方式在海报设计中的应用

（二）沿形

沿形的编排方式如图 7-37 所示，是指将文字围绕着图片或图形进行排列，让文字随着图像的轮廓起伏，时而紧张，时而平缓，具有强烈的节奏感和跳跃性，使版面生动活泼。

（三）突变

突变的编排方式如图 7-38 所示，是指在一组整体有规律的文字群中，个别单词或词组出现异常变化，但是没有破坏整体效果，起到标题或核心信息突出的作用。这种打破规律的局部突变给版面增添了新的视觉焦点，达到吸引人们注意的视觉效果。

图7-37　沿形的编排方式在海报设计中的应用
（来源：站酷，http://www.zcool.com.cn/show/ZMTExMjIw/5.html）

图7-38　突变的编排方式在海报设计中的应用
（来源：花瓣网，https://huaban.com/pins/146061005）

第四节　文字的图像化和装饰化

文字源于生活，起源于绘画。文字既是语言信息的载体，又是具有视觉识别特征的符号系统。任何一种形式的文字字体都具有图形意义，文字的外形、结构和笔画本身就可以看作具有特定含义和固定形态的一种图形。

文字在版面中的设计应用包括多种构成和装饰手法，不单是字体造型的设计，而是以文字的内容为依据进行艺术处理，进而创作出具有深刻文化含义的字体形象，以体现文字设计的思想性和情感气质。

一、图像化表现

现代版式中的字体设计并不只停留在对文字进行美化加工，更注重通过字形和字意进行个性化的设计。

新的文字设计发展潮流中有几种引人注目的倾向。首先是对手工艺时期字体设计和制作风格的回归。图 7-39 所示是国外干果产品的包装设计，其字体就运用了这种风格。字体的边缘处理得很不光滑，字与字之间也排列得高低不一，使字体表现出一种特定的韵味。其次是对各种历史上曾经流传过的设计风格的改造，如图 7-40 所示，这种倾向是从一些古典和传统字体中吸取经典的部分加以夸张或变化，表达独特的形式美。

图7-39　干果产品包装上的字体设计

（来源：站酷，http://www.zcool.com.cn/show/ZMTExNzUy/1.html）

随着计算机图形设计软件在设计领域的广泛应用，字体和版式设计出现了越来越多的表现形式。设计师可以利用计算机的各种图形处理功能，对字体的造型、质感等进行各种处理，使之产生一些全新的视觉效果，以吸引大众的眼球。

图 7-41 所示是某母婴育儿网站组织推广活动的背景板设计方案。设计师运用设计软件，结合卡通造型的特点，实现了对文字图形化的处理，将文字形象与卡通图形有效融合，很好地突出了活动主题。

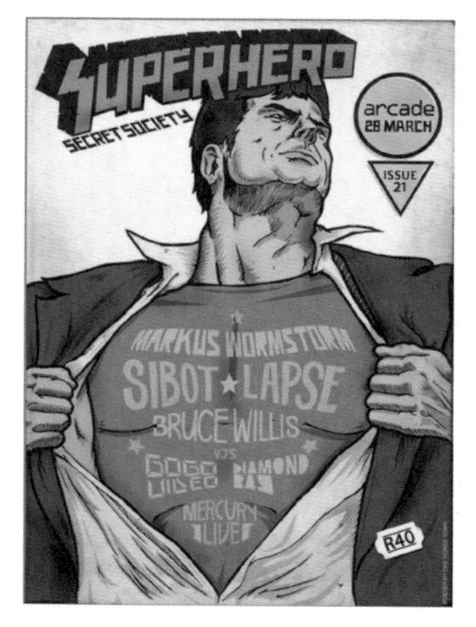

图7-40 复古风格海报设计
（来源：花瓣网，https://huaban.com/pins/1016083386）

图7-41 背景板设计中的字体造型
（来源：站酷网，https://www.zcool.com.cn/work/ZMTgxMTY2OA==.html）

图 7-42 所示是海报设计中运用设计软件实现的各种字体质感。随着设计软件的发展，运用金属、玻璃、岩石等材质表现字体，已经越来越受到设计师的青睐。

(a)
（来源：花瓣网，https://huaban.com/pins/1172052878）

(b)
（来源：CND 设计网，http://www.cndesign.com/opus/ba094c0c-986d-4078-bb92-a6ac014858d8.html）

(c)
（来源：花瓣网，https://huaban.com/pins/208284065）

图7-42 海报设计中不同质感的字体

二、意匠装饰

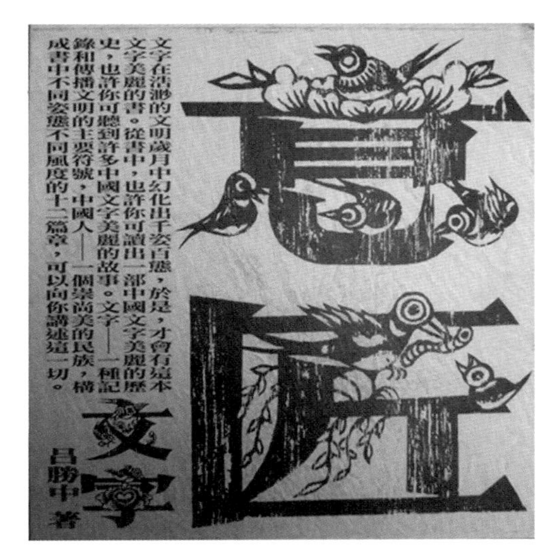

图7-43 《意匠文字》书籍封面字体设计

（来源：小宫山书店，http://www.book-komiyama.co.jp/bookblog/?m=20111031）

文字由象形到抽象的演变赋予了它形象化、字意象征化的特性。象形的设计手法是把文字化为图画元素来进行表现，对文字的整体形态进行艺术处理，把具象的图形和抽象的笔画巧妙结合，将字体塑造成半文半图的“形象字”，体现绘形绘意的创意性。

中国民间传统装饰就将花卉、人物、故事情节、吉祥寓意融入文字造型，如花鸟字、寿、喜、万福图等，都是利用穿插自然、生动流畅的文字图形营造出欢乐祥和的氛围。这些传统的文字造型是我们宝贵的文化财富。吕胜中先生在其著作《意匠文字》中对我国民间的文字表现进行了系列的梳理和介绍，可以帮助我们更深入地了解汉字。图 7-43 所示是设计师王序为该书籍封面设计的文字字体。

文字装饰的意象巧变，为版面设计提供了美妙的元素。图 7-44 所示是一组五福临门的明信片设计。设计师根据中国传统文化，把“福、禄、寿、喜、财”用传统吉祥纹案和自己的设计风格进行融合，用精致细腻的手法描绘出传统而又有新意的吉祥文字，质朴又不失雍容华贵的典雅气质。

福禄寿囍财

(a)

(b)

(c)

图7-44 五福临门明信片设计

（来源：站酷，http://www.zcool.com.cn/work/ZMjE0MjYyOA==/1.html）

文字创意海报设计

设计任务及要求如下。

（1）自己任选一个或一组词汇，对文字进行视觉表现图像化或装饰化的处理，设计完成一幅或一系列有主题诉求的海报。

（2）主题应围绕自己的生活，选择自己熟悉或感兴趣的领域，可涉及生活、自然、社会、艺术、设计等，对所选文字有深入的理解和思考。

（3）运用软件完成海报的设计表现。

该设计实训的榜样作品如图 7-45 所示。

(a)

（来源：花瓣网，https://huaban.com/pins/634539380）

(b)

（来源：花瓣网，https://huaban.com/pins/101155710）

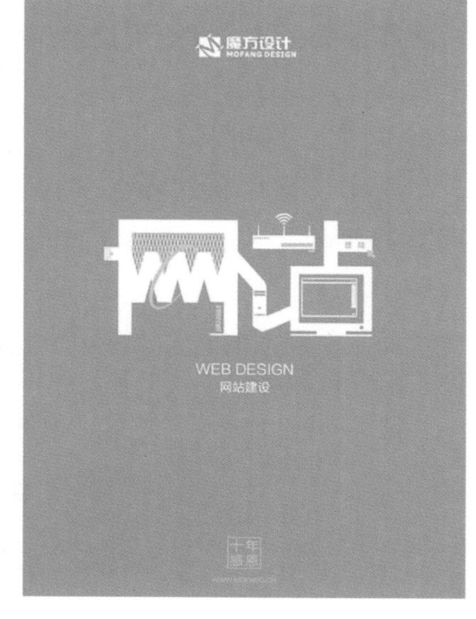

(c)

（来源：花瓣网，https://huaban.com/pins/514980542）

图7-45　魔方设计公司宣传海报

招贴版式设计

招贴设计按内容一般分商业类、文化类和公益类，如图 7-46 ～图 7-48 所示。招贴设计版面多采用简洁、概括、统一的构图，内容主次分明，重点突出，构图形式要求极端简约。招贴具有视觉冲击力强、时效性强、快速认知、宣传方式多样等特点，所以招贴作为当今信息传递的重要手段之一，始终无可取代。

图7-46　商业类海报图

图7-47　文化类海报图

图7-48　公益类海报

思考题

1. 字体分类有哪些?
2. 常用的文字编排方式有哪几种?
3. 如何根据版面信息的层次有效设置字符规格、字距和行距?
4. 如何理解“文字的图像化和装饰化”?

第八章

版面中视觉空间的营造

学习要点及目标

(1) 学习从宏观层面与微观层面上观察版面整体视觉效果。

(2) 掌握版式设计中的点、线、面要素。

(3) 学习处理版面中的黑、白、灰层次。

(4) 理解版面中的位置与层次。

本章导读

在艺术设计专业基础课“平面构成”中所提出的点、线、面概念，又一次出现在版式设计课程中，只不过它是以版式设计为语境，版面中的点、线、面不再是平面构成中抽象的图形与线条，而是具体的文字或者图形图像，以过往平面构成中所认识的形式原理来重新认识与解读版面中的排列法则是本章的主题所在。

黑、白、灰这三个字在艺术设计专业课程中出现得更早——在早期的素描、色彩训练中就已接触过，而在版式设计中，它与版面中的视觉空间层次有关，黑、白、灰关系处理得当的版面看起来主次明确，赏心悦目。

第一节　版面中的点、线、面

点、线、面在平面构成中有关于基本几何形态的概念，其基本原理可以运用到版式设计中。就字面意思而言，点、线、面是几何概念，而版面中的点、线、面往往改头换面以文字、图像、图形、线条的方式出现。版面中的文字、图形、图像、线条之间的关系实际上是最基本的点、线、面关系。

一、点与版面空间

（一）版面中点的概念

在几何学上，点是线与线的交叉，点只有位置，没有面积和外形。而在形态学上，点还具有大小、形状、色彩、肌理等造型元素，具有更大的自由度与可变性。

在版面中，任何一个单独的形态都可以称为设计意义上的点，它可以用任何一种形态表示，如一幅图画、一块颜色、一样事物、一个文字等，如图 8-1 所示的标志形成一个“点”。点是版面中最小的也是最基本的造型元素，它在版面中自由移动，变换位置，由于它的大小、位置、形态、数量等分布状况的不同，可以形成多样的版面效果，带给人们不同的视觉感受和心理感受，如图 8-2 所示。

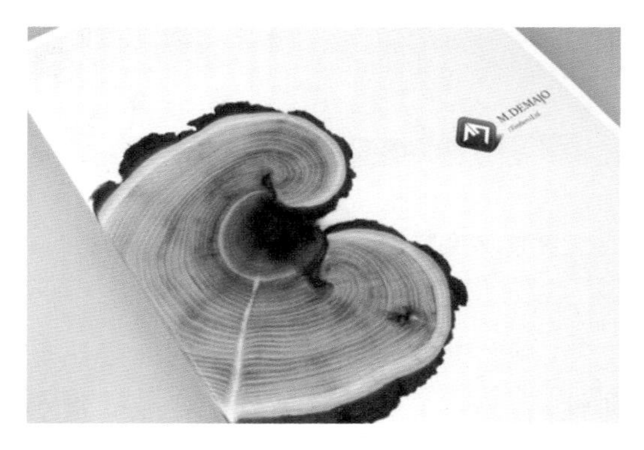

图8-1　画册封面设计

（来源：飞特网，https://www.fevte.com/portal.php?mod=view&aid=14654）

图8-2　匈牙利工作室Zwoelf画册设计

（来源：搜狐网，http://mt.sohu.com/20180130/n529610718.shtml）

点的这种多变性与嬗变性使得点在版面中往往能起到多种多样的效果。它可以自成中心，也可以在版面中左右平衡与补充，也可以“默默无闻”退居画面背景衬托版面主体。点本身所具有的功能无数次地被设计师所发掘，形成多姿多彩的版面效果。

（二）版面中点的特性

（1）在版面中，点的面积是以版面大小为基础相比较而言的，大到一幅图画，小到一个标点符号，都可以成为一个点，点的大小由版面的设计需要而决定，它需要与版面大小、版面中其他形态保持一定的比例关系，如图 8-3 和图 8-4 所示。

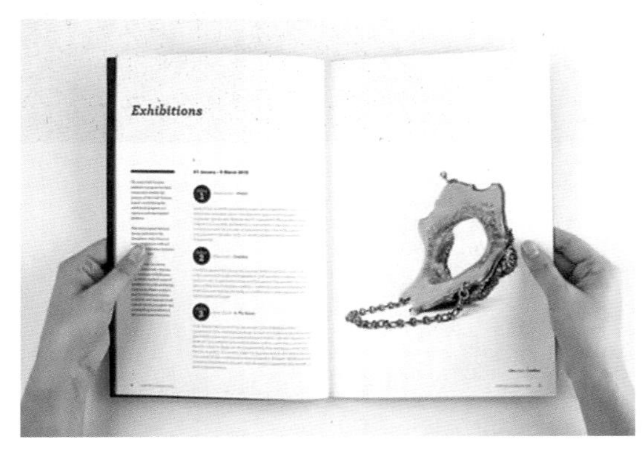

图8-3　画册内页设计（1）

（来源：花瓣网，https://huaban.com/pins/147890081）

图8-4　画册内页设计（2）

（来源：素材 CNN，http://online.sccnn.com/html/design/huace/20130715164144(6).htm）

（2）点是相对线和面存在的视觉元素。点的形状不一定是人们生活经验中的圆形，也可以表现为其他的形态，例如三角形、锯齿形、方形、圆形、不规则多边形以及星形等形态，标点符号也可以是点。图 8-5 中的各式图标点可以视为“点”，图 8-6 中的各式实物也可以视为“点”。

图8-5　画册内页设计（3）
（来源：创意在线网，http://www.52design.com/html/201409/design2014929104345_3.shtml）

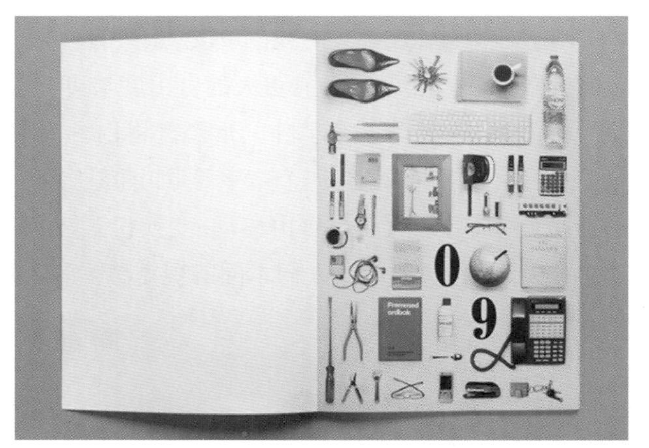

图8-6　画册内页设计（4）
（来源：花瓣网，https://huaban.com/pins/75108613）

（3）点具有向心、聚焦等特性。这些特性使它产生“气场”，并向四周辐射。点的向心性是因为其小且相对独立，与版面整体形态形成对比，所以产生聚焦性，容易形成焦点；而且配合点元素本身肌理材质和色彩的不同，与整体版面形成更大的对比，其聚焦性就更加突出。因此，在版面设计中，设计师要特别注意点的设置和布局，在处理好点自身形态的同时，充分考虑到点与整体版面的辩证关系，使画面趋于协调，如图 8-7 和图 8-8 所示。

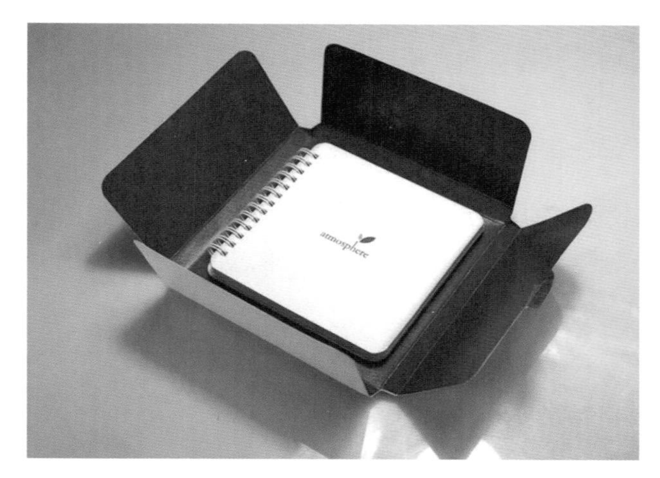

图8-7　画册封面设计（点的向心性）
（来源：飞特网，https://www.fevte.com/tutorial-14654-5.html）

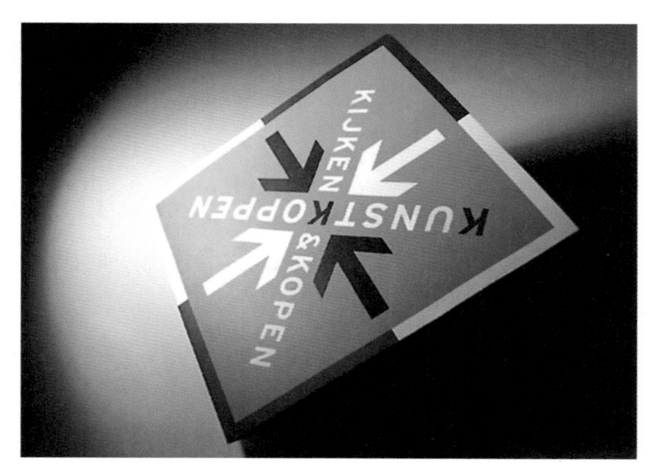

图8-8　画册封面设计（点的聚焦性）
（来源：飞特网，https://www.fevte.com/tutorial-14654-2.html）

（三）版面中点的位置

点的多变性与善变性使点具有更多的自由度，点在版面中可以四处游弋，每个不同的位置都能使版面形成特别的样式，总体而言，版面中点的位置主要有以下分布特点。

（1）点在版面中心，会给人静止、稳重、聚焦的感觉，版面会显得重心突出，简洁明了，如图 8-9 所示。

（2）点在版面的左方或右方会产生向中心运动的趋势，会有跳跃、灵动的感觉，如图 8-10 所示。

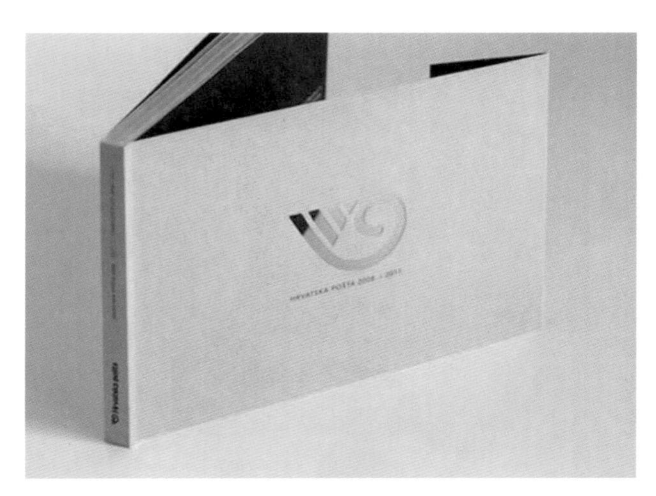

图8-9　点在版面中心

（来源：花瓣网，https://huaban.com/pins/127205290）

图8-10　点在版面的左方或右方

（来源：设计之家，https://www.sj33.cn/article/jphc/201011/25588_2.html）

（3）点在版面的上方或下方会产生上升或下降的趋势。

（4）点作为一种附属物退居版面背景中存在，能使画面具有更多的层次效果，如图 8-11 所示。

图8-11　点作为附属物退居版面背景中

（来源：花瓣网，https://huaban.com/pins/53865369）

（四）版面中点的组合方式

1. 行列式

版面中的点可以秩序性地排列在一起，形成横平竖直、规整有序的方阵，如图 8-12 所示。排列较少的时候则呈线性形态，排列较多时就具有面的感觉，如图 8-13 所示。点的秩序性排列使版面形成严谨、理性的视觉效果，但在一本印刷物中如果过多地使用这种方式，则会显得单调、刻板。

2. 放射式

放射是一种聚集视线、强调重心、具有动感的方式，观者会根据放射的趋势去观看。版面中点的放射方式通常表现为全角度（360°）的放射或者不完全的部分角度放射，如图 8-14 所示。这些放射发散的位置可以安排在版面的任何位置，配合具体语境的图与文会形成有趣的视觉效果。

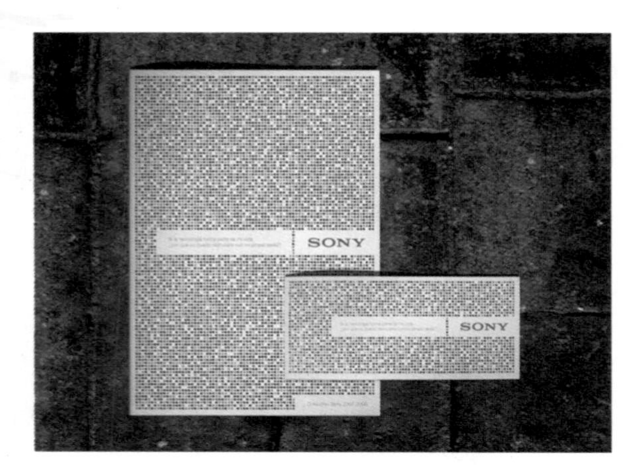

图8-12　SONY产品宣传手册
（来源：花瓣网，https://huaban.com/pins/1526984755）

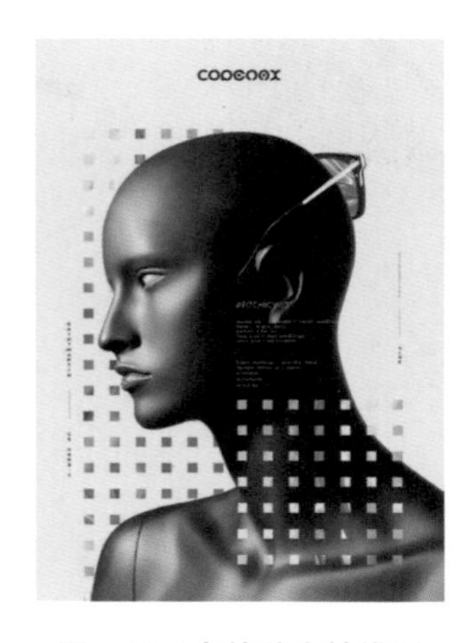

图8-13　点的秩序性排列
（来源：花瓣网，https://huaban.com/pins/74760478）

图8-14　包装版式设计
（来源：花瓣网，https://huaban.com/pins/1557252355）

3. 聚散式

聚散的排列方式具有随意性，点在版面中自由排列开来，无拘无束，轻松自然；然而这些“随意”分布的点，实际上是根据具体的设计对象与要求分布排列的，它的位置看似随意，实则有意，其排列要符合形式美法则，经过设计师的精心谋划。点的聚散式排列对设计品位要求比较高，如图 8-15 和图 8-16 所示。

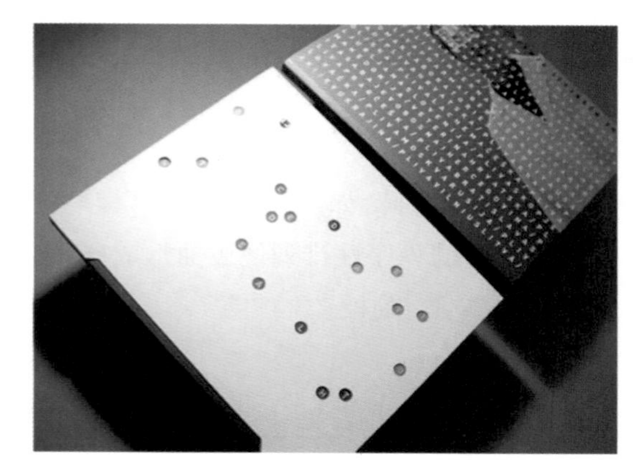

图8-15　点的聚散式排列（1）
（来源：花瓣网，https://huaban.com/pins/146780729）

图8-16　点的聚散式排列（2）
（来源：花瓣网，https://huaban.com/pins/1560452224）

二、线与版面空间

（一）版面中线的概念

点的移动轨迹成为线，线是点的发展与延伸。在版面中，线可以表现为多种形态，例如，实线、虚线、以几何的方式描绘出来的线、文字的秩序性排列形成的线、图形图像的裁剪形成的线。这多种的线在版面中有不同的长度、宽度、粗细、位置、方向、色彩、形态，从而产生独特的性格和情感来营造版面的独有风格。不同的线在版面中的合理运用，将会使整个版面达到出其不意的视觉效果。

（二）版面中线的种类与特性

总体而言，线可以分为以下两类：直线、曲线。

直线显得单纯、明确、理智、刚硬，具有男性化的倾向，它包括水平线、垂直线、倾斜线。水平直线表现出规律、平稳、安静、冷峻，如图 8-17 所示；垂直线具有刚毅、庄严、挺拔、力量、向上的感觉，如图 8-18 所示；倾斜线给人起飞、冲刺、发射和速度的感觉，如图 8-19 和图 8-20 所示。

图8-17　版面中的水平线

（来源：网易，https://www.163.com/dy/article/FF5912LK05149IMH.html）

图8-18　版面中的垂直线

（来源：百图汇，http://www.5tu.cn/thread-23880-1-1.html）

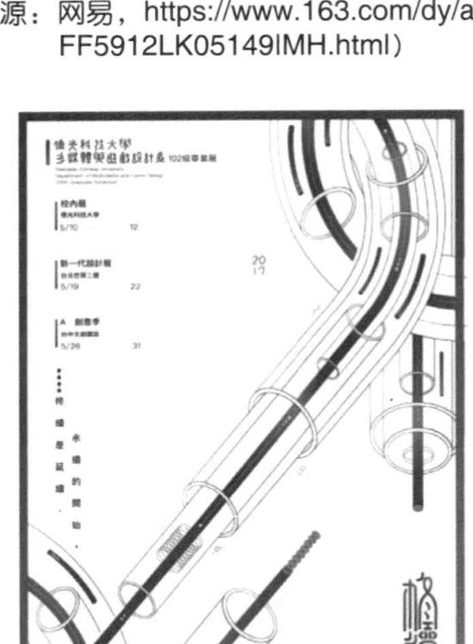

图8-19　版面中的倾斜线

（来源：搜狐，http://mt.sohu.com/20170406/n486765682.shtml）

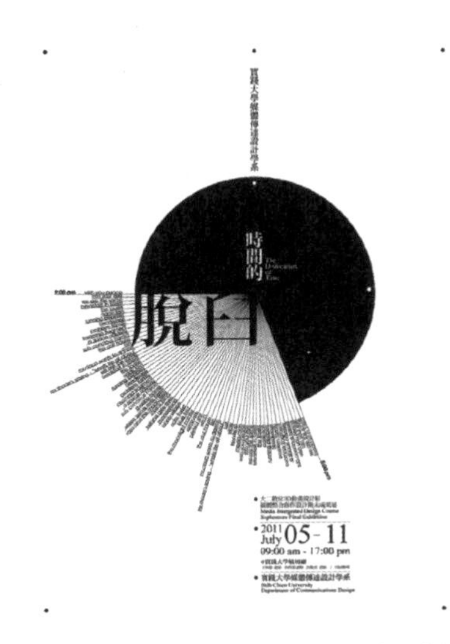

图8-20　何庭安海报设计中的倾斜线

（来源：豆瓣，https://www.douban.com/doulist/44850586/?start=75&sort=time&sub_type=11）

曲线具有柔美、优雅、圆润、柔软的性格特征，具有女性化的倾向。它包括几何曲线、自由曲线。几何曲线表现出规律的数理性，但也不失柔美，如正弦曲线、余弦曲线，具有严谨的规律感。

几何曲线能营造现代和理性感觉，同时也有机械的冷漠感，如图 8-21 所示；自由曲线自然、奔放无羁，亲和力和随意性较强，能表达圆润、柔和、富有人情味的感觉，同时有强烈的流动感，创造出的版面空间富有节奏和韵律感，如图 8-22 所示。

图8-21　版面中的几何曲线
（来源：花瓣网，https://huaban.com/pins/ 618913997）

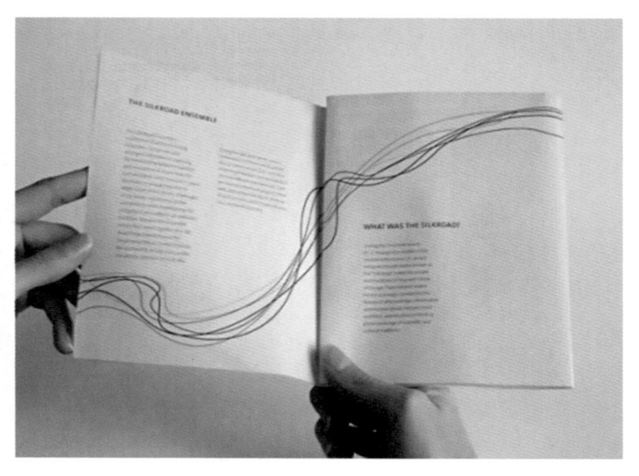

图8-22　版面中的自由曲线
（来源：花瓣网，https://huaban.com/pins/ 645753894）

折线是曲线中比较特别的一类，有锐利的转角，它既具有直线的刚毅，又因为形成起伏感，所以具有曲线的韵律，如图 8-23 所示。

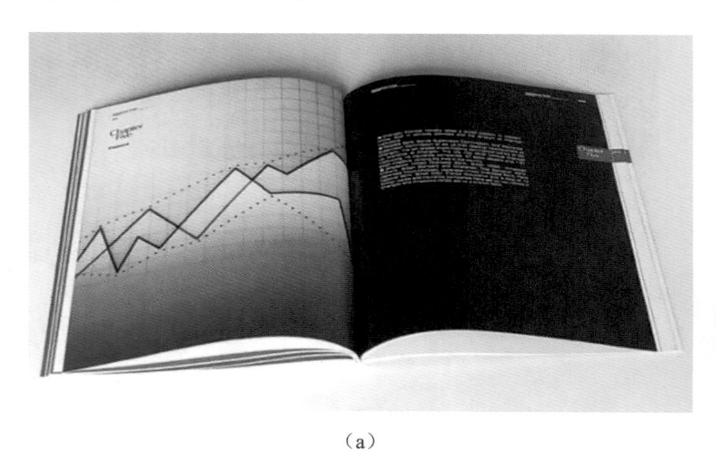

（a）
（来源：百衲本，http://www.bainaben.com/huace/TouZiZhiNanHuaCeSheJi/1/）

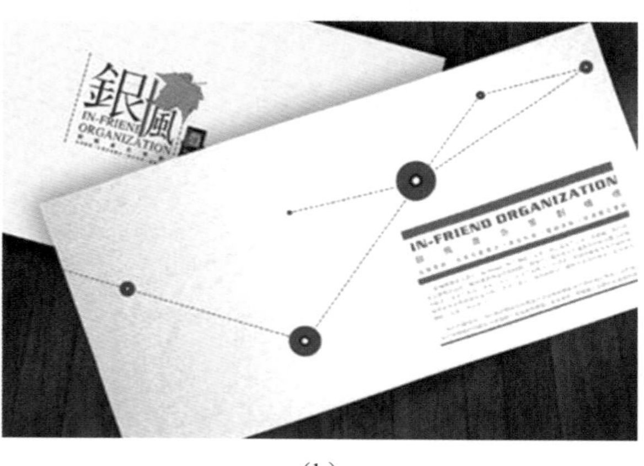

（b）
（来源：http://www.bainaben.com/logo/yinfengdichanbiaozhishejijiyingyongxinshang/）

图8-23　版面中的折线

（三）版面中线的作用

1. 方向指示性

线具有方向指示性，在版面中直接运用形态明确的线，可以连接各种视觉要素，加强版面秩序感，形成版面节奏感。此外，线能帮助版面形成空间视觉流动线，这是一种虚化的空间指示方向，可以不通过形态明确的线而产生引导视线流向与空间指示的作用，如图 8-24 和图 8-25 所示。

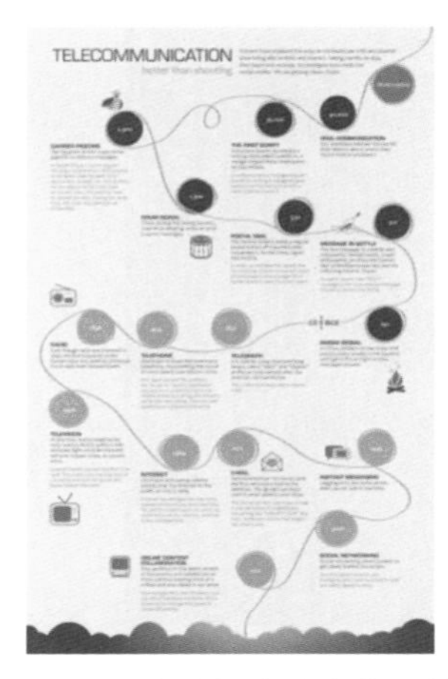

图8-24　线的视觉方向指示性

（来源：花瓣网，https://huaban.com/boards/19433781）

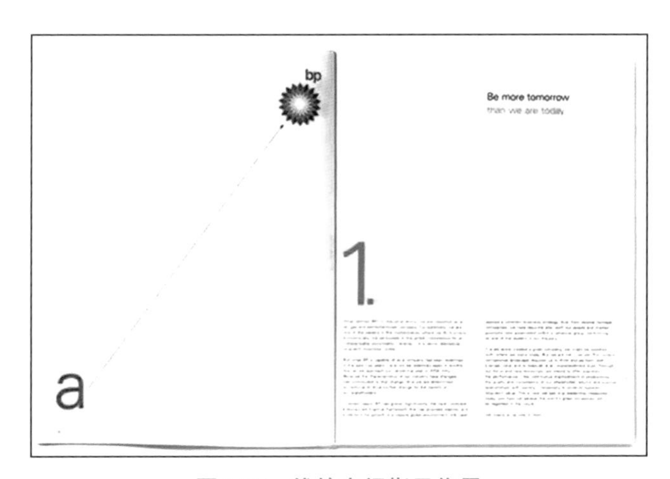

图8-25　线的空间指示作用

（来源：视觉同盟，http://www.visionunion.com/article.jsp?code=200801040021）

2. 空间分割性

线可以对版面、图像、文字进行分割。版面中的图文在线的分割下，能得到清晰、条理的秩序感，增加可视性，形成统一和谐的画面。在划分空间时，也可以按不同的比例和主次进行分割，从而在空间中形成一定的对比与节奏感，如图 8-26 和图 8-27 所示。

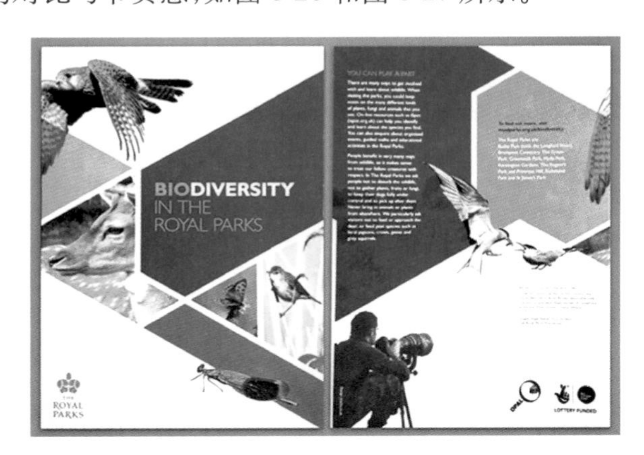

图8-26　线的空间分割性（1）

（来源：花瓣网，https://huaban.com/pins/310534810）

图8-27　线的空间分割性（2）

（来源：花瓣网，https://huaban.com/pins/1192834941）

3. 在版面中形成“空间力场”

“力场”是一种虚化的空间，是对一种无形但又存在的空间的感知，所以，也称为“心理空间”。线在版面中产生“力场”的方式，具体而言，就是在文字和图形中插入直线或以线框进行分割和限定，被分割和限定的文字或图形即产生一定视觉范围，这正是力场的空间感应。这种手法能使版面产生清晰、明快、富于弹性的空间关系，如图 8-28 和图 8-29 所示。

（四）版面中线的排列方式

在版面设计中，根据版面的需要，因地制宜地对线型采用不同的排列方式，可以呈现不同的视觉效果。总体而言，线的排列方式主要有并列式、倾斜式和无序式。并列式和倾斜式的线性排列呈现出秩序感，如图 8-30 所示；当线密集排列时就呈现出“面”的感觉，如图 8-31 所示；而无序式的排列看似随意不羁，但实际也存在内在的美学法则。

图8-28 线的“空间力场”（1）
（来源：图行天下，https://www.photophoto.cn/sucai/20432765.html）

图8-29 线的“空间力场”（2）
（来源：花瓣网，https://huaban.com/pins/1338654038）

图8-30 Graphic招贴设计中线性排列
（来源：花瓣网，https://huaban.com/pins/311785778）

图8-31 线的密集排列
（来源：设计之家，https://www.sj33.cn/article/jphc/200609/9758_3.html）

三、面与版面空间

（一）版面中面的概念

点的放大就成为面，点的密集或线的重复也能成为面，如图 8-32 所示；此外，线的分割也能产生各种大小不同的空间，也可视为不同大小的面。面的视觉感受是大的、有力的，它在版面中可以连接、烘托和深化主题，平衡、丰富版面空间层次，如图 8-33 所示。

图8-32 线的重复成为面
（来源：花瓣网，https://huaban.com/pins/90078699）

图8-33 proket画册版面设计
（来源：飞特网，https://www.fevte.com/tutorial-12385-7.html）

（二）版面中面的种类

在二维空间中，由闭合的线围绕成的物质平面被称为面，它还可以被看成点、线的聚集，也可以被看成线被分割后在版面中形成的不同比例的“负形”，当然也可以是一个图形。在版式设计中，面占有的面积最多，具有更大的体量感，比点、线的视觉冲击力更大。它大体可以分为几何形和自由形两类。

几何形是用数学的构成方式，由直线、曲线或者直曲线结合形成的面，如正方形、三角形、五角形、梯形、菱形、圆形，它的特点是理性、简洁、冷静、充满秩序感。

自由形是指人为创造的自由构成形，可随意运用各种自由的、徒手的线构成形态，随意性较强，具有很强的造型特征和鲜明的个性。

在版面中，面具有极其丰富的表现语言，它的形状、虚实、大小、位置、色彩、肌理、前后关系的不同能演化出各种复杂的视觉形态。图 8-34 所示为面的色彩关系改变而形成的特殊效果；图 8-35 所示为面的前后关系和虚实关系所形成的画面。

图8-34　面的色彩关系变化

（来源：飞特网，https://www.fevte.com/tutorial-18890-1.html）

图8-35　面的前后和虚实关系

（来源：百衲本，http://www.bainaben.com/huace/2013/03/01/GuoWaiChuangYiHuaCeSheJiXinShang/3/）

（三）版面中面的排列与分割

1. 面的排列

在版面中，面可以自由地排列，其自身的位置、大小的不同决定着版面的基本形态，同时决定着构图的种类，产生不同的整体效果。版面中处于上方的面，具有一种轻松和自由的感觉，会使版面显得轻快而具有活力，如图 8-36 所示；处于下方的面往往给人以下坠、稳重与束缚的感觉，越是靠近版面的下半部分，沉重感就变得越强，版面也会呈现出庄重、沉稳的风格。处于版面左边的面，整体会有轻松、愉快和开始的感觉，如图 8-37 所示；而处于版面右边的面则让观者有结束、完成、终点的心理体验。

当面的数量增加时，版面也增加了变动的格局，多个面可以形成一个集群，产生多种排列的方式，如图 8-38 和图 8-39 所示；在多个面排列时，需要注意排列的大小、疏密关系和平衡关系。

2. 面的分割

面的组合分割以有规则地配置图块来实现版面设计效果，通常对局部块面进行相应的移动分割，并运用旋转、变形等方式进行复合构成组合版面。设计时根据需要可以对图片实体进行分割，如图 8-40 和图 8-41 所示，也可以对整体版面背景进行分割，如图 8-42 所示。荷兰风格派、俄国构成主义以及德国的包豪斯现代主义设计，都非常重视对版面的形态分割。其中，荷兰风格派奠基人之一的蒙德里安运用纵、横直线相交分割画面，其画面分割以几何数学原理为依据，在色彩上采用单纯的三原色和相应的黑、白、灰分割版面，使面的分割达到了很高的艺术境界。

图8-36　处于版面上方的面

（来源：花瓣网，https://huaban.com/pins/90747911）

图8-37　处于版面左边的面

（来源：Logo 网，http://www.lg5.com/read-htm-tid-66274.html）

图8-38　英国设计机构Un.titled画册设计

（来源：NicePSD 网，https://www.nicepsd.com/works/114363/）

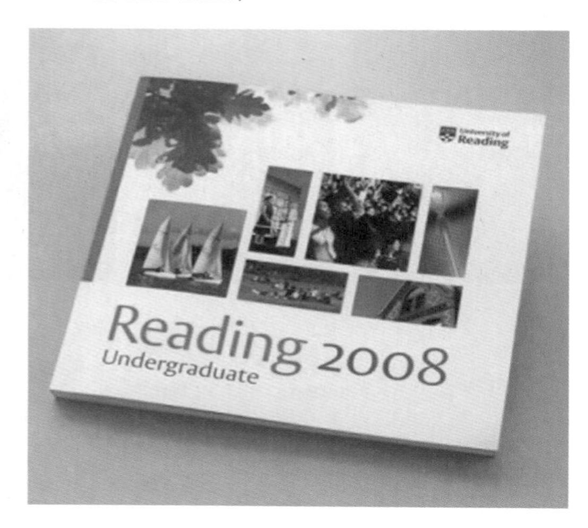

图8-39　YOUNG书籍设计

（来源：花瓣网，https://huaban.com/pins/53548631）

图8-40　对图片实体进行分割

（来源：花瓣网，https://huaban.com/pins/700740494）

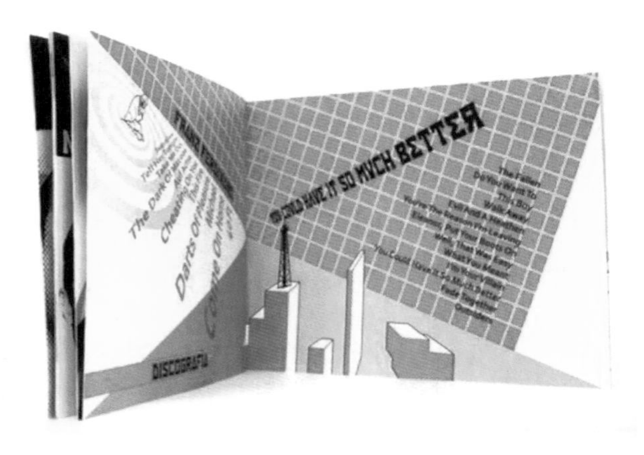

图8-41　Benjamin画册设计

（来源：设计之家，https://www.sj33.cn/article/jphc/201110/28964.html）

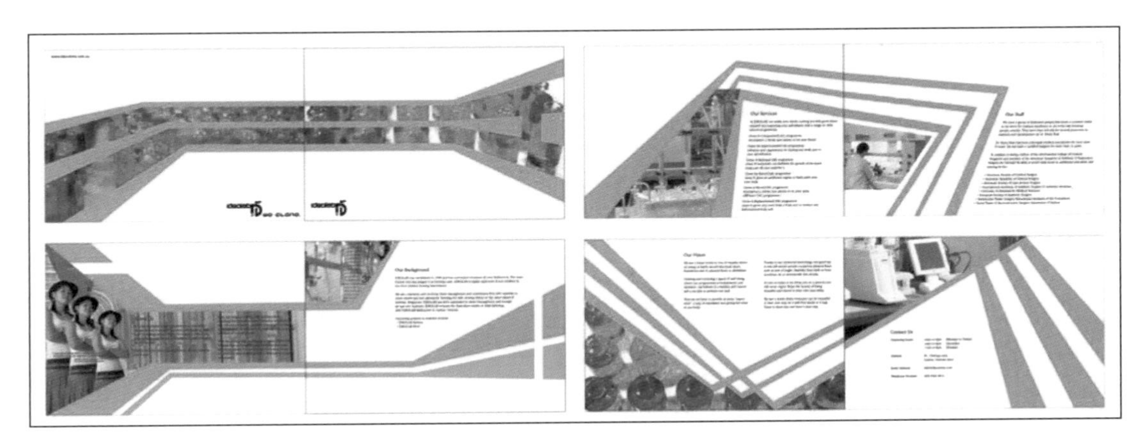

图8-42　对整体版面背景进行分割

（来源：设计之家，https://www.sj33.cn/article/jphc/201105/27891_2.html）

在版面中对面进行分割，还需要注意面的大小、比例、间隔、位置等各种关系的处理。

面的分割要考虑形状与面积的对比，间隔和面积的对比，面积与面积的对比等因素，要处理好不同形状的面之间的相互关系和整体的和谐程度。这样才能设计出充满美感、艺术的、实用的版式作品。

四、版面中点、线、面相结合

在一个版面中，通常是各种点、线、面元素都存在其中，它们以多样的表现方式构成了版面整体，如图 8-43 所示。在版面中，点线面的分布需要注意主次关系，确定画面主体位置，把相关的次要元素穿插其中，注意节奏与韵律，使版面符合形式美学。如图 8-44 所示，版面中的主要元素——大段的文字集合在一起形成了面的意象，一些直线条、曲线条穿插在版面中形成一定节奏感，一些文字在版面中或集结而形成线的意象，或兀自独立形成点的感觉，整体版面看起来浑然一体，具有设计的美感。

（来源：马可波罗，http://china.makepolo.com/product-picture/100288913188_0.html）

图8-43　点、线、面在版面设计中的应用

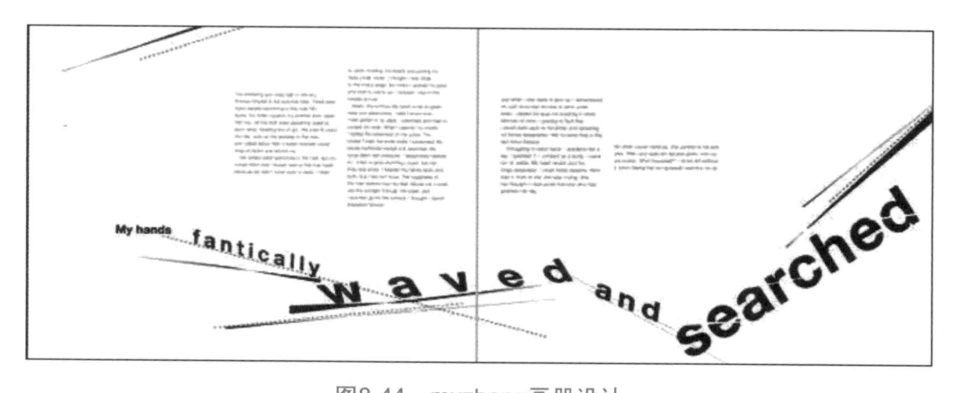

图8-44　mxzheng画册设计
（来源：设计之家，https://www.sj33.cn/article/jphc/200609/9775.html）

第二节　版面中的黑、白、灰

黑、白、灰关系是素描课程中的概念，指一幅画中的素描层次或者明度关系。但是在版式设计中，无论是有色还是无色的版面，都存在着黑、白、灰的三色空间层次。

黑色给人往后退的感觉，往往被用作背景层次的色彩；白色给人往前的感觉，往往被用在要突出的元素上；灰色则像中间层，处于黑白对比之间，作为调剂和过渡的角色存在。

黑、白、灰的色彩层次得当，整个版面的色彩就比较和谐，图 8-45 和图 8-46 所示版面就显得层次分明、雅致动人；黑、白、灰色彩层次过于小，版面的色调就过于接近，拉不开距离；黑、白、灰色彩层次过于大，版面的色调则可能会显得突兀。此外，版式设计应该明确色彩的调性，一幅优秀的版式设计作品，色调应非常明确，或高调，或低调，或灰调，或对比强烈，或对比柔和，反之版面会显得混乱，模糊不清。

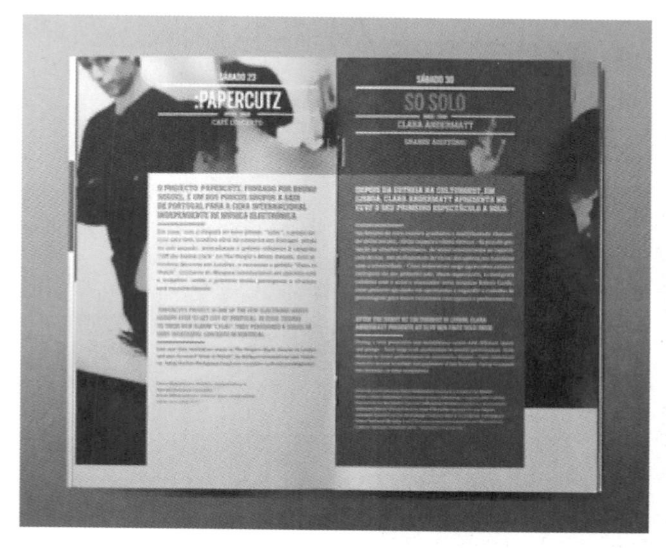

图8-45　CCVF演出中心画册内页设计
（来源：古田路 9 号，https://www.gtn9.com/work_show.aspx?id=EE91A6DE0889414E）

图8-46　版面中的黑、白、灰设计
（来源：搜狐，http://mt.sohu.com/20170513/n492865317.shtml）

黑、白、灰关系在版式设计中如此重要，那么在版式设计中，该如何来设计这种关系呢？

总体而言，首先，设计者需要观察和思考手中的图片，图片是由摄影师提供给版式设计师的作品，一般而言更换和可选择的余地比较小，因此，在有图片的编排中，首先要明确手中图片的大小、数量以及明度关系，以确定图片在版面中的具体位置安排，并由此决定其他各种元素在版式中的明度关系。

其次，设计师应该关注的是纯文本信息，包含标题字、副标题、引文、正文等几个部分。这几个部分的文字量的多少、文字的字形、文字字号大小、粗细、色彩都需要进行统筹安排。以上几个要素的细微变化都能导致文字群出现不同的灰度层次，它们的灵活变化可以营造出版面的层次感。

最后，设计师可以把版面中的各种要素，例如标题、副标题、正文、图像、图形这些元素抽象成几何形，并在大脑中将其各自归纳成不同明度的区域（黑区、白区或者不同色度的灰区），同时对它们所构成的黑白灰关系进行分析并整体设计版面格局。

在图 8-47 中，版面的黑、白、灰层次非常明确，重点与主题都非常突出，图 8-48 即是对图 8-47 版面的黑、白、灰关系的分析。在彩色的版面中也存在黑、白、灰的关系，如图 8-49 和图 8-50 所示，在图 8-50 所示的区域 1 和区域 2 都属于黑的层次，区域 3 ～区域 7 属于灰的层次，区域 8 和区域 9 属于白的层次。

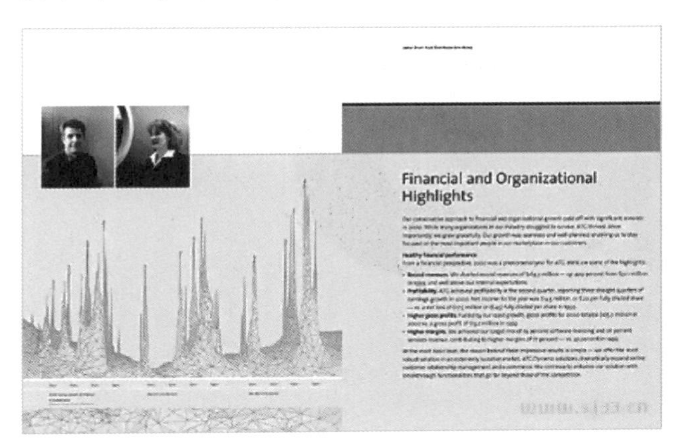

图8-47　ATG画册设计

（来源：花瓣网，https://huaban.com/pins/92082432）

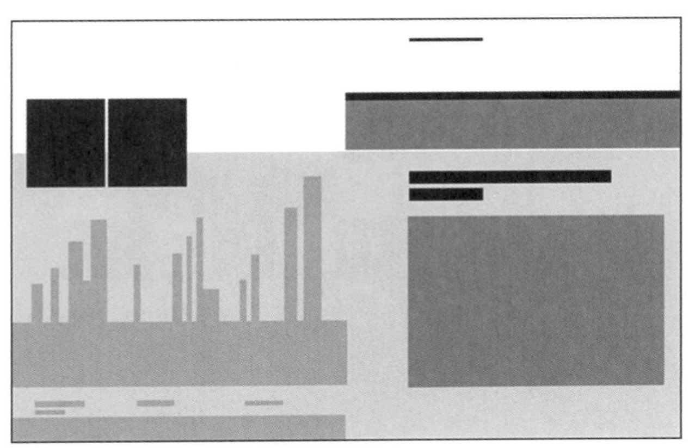

图8-48　ATG画册设计的黑、白、灰关系

图8-49　Z2画册设计

（来源：设计之家，http://www.sj33.cn/article/jphc/200902/19303%203.html）

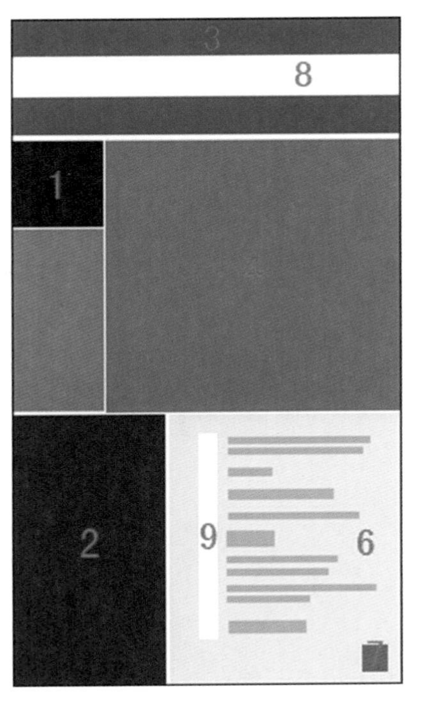

图8-50　Z2画册设计的黑、白、灰关系

此外，版面中的黑、白、灰关系会形成相应的虚实关系，色彩深重的会表现出“实”的感觉，色彩浅淡的会表现出“虚”的感觉。在设计过程中，应把握好这种关系，做到虚实相映，形成和谐的版面关系。

唱片封套以及 CD 盘面设计

设计任务及要求如下。

（1）为某唱片公司的唱片设计封套和盘面，可以设计为任意音乐风格的唱片。

（2）在设计中需要注重版面中的点、线、面关系。

（3）注意唱片封套和 CD 盘面之间的关联性。

该设计实训的榜样作品如图 8-51 ～图 8-53 所示。

图8-51　唱片封套及CD盘面设计作品（1）
（设计者：柳娜）

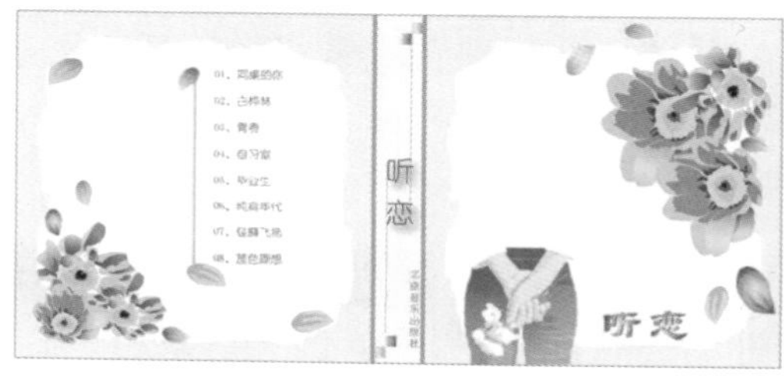

图8-52　唱片封套及CD盘面设计作品（2）
（设计者：熊娟）

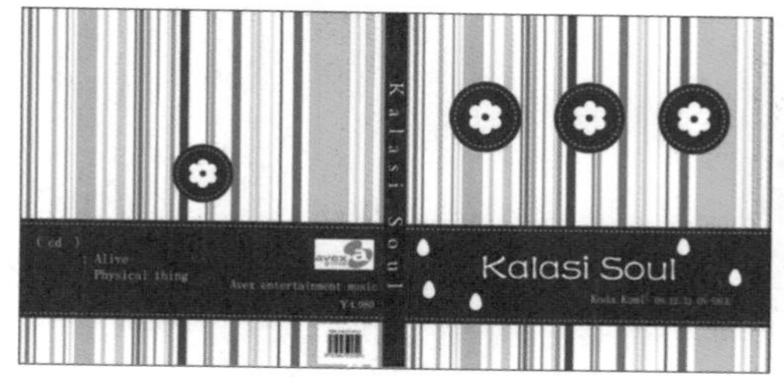

图8-53　唱片封套及CD盘面设计作品（3）
（设计者：赵凯）

CD 封套及盘面版式设计

光盘是用于记录与储存数据的载体，它不仅要具备使用价值还需具备审美价值，其外观设计越来越受人重视。CD 代表小型激光盘，是一个用于所有 CD 媒体格式的一般术语。通常以普通标准 120 型光盘为准进行版式设计，外径为 120mm，内径为 15mm，厚度为 1.2mm，如图 8-54 所示。

1. 封面、封底单出

（1）封面尺寸。120.5mm × 120.5mm（不包括出血线）；126.5mm × 126.5mm（包括出血线）。

（2）封底尺寸。151mm × 118mm（不包括出血线）；157mm × 124mm（包括出血线）；折线宽为 7mm。

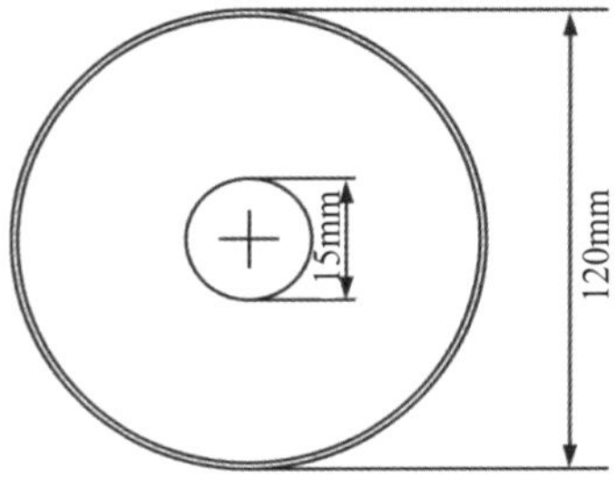

图8-54　普通标准120型光盘

2. 封面、封底连片

（1）尺寸。291mm × 127mm（包括出血线）；285mm × 121mm（不包括出血线）。

（2）画出出血线与折线，线在图下面。

（3）折线宽为 10 ～ 11mm。

3. 盘面

（1）印刷尺寸。116mm ≤外径（117mm）≤ 118mm，定为 117mm；18mm ＜ 内径（36mm）≤ 36mm，定为 36mm；中心画小细十字，方便定位。

（2）药膜向上。

（3）18mm ＜药膜面积＜ 118mm，在作图时一定要有底色，以便压住盘面本身颜色，其他区域为透明，没有药膜。

4. 注意事项

（1）盘面、封面封底印前要打样，并检查样片的颜色、尺寸、出血线与折线等是否正确。

（2）如果盘面的 4 色不能压住盘面本身颜色，是否有压盘的第 5 色。

（3）设计图时扫描用 300dpi 分辨率；出图时，封面封底为 175dpi 或 200dpi，盘面为 100dpi 或 110dpi。

（4）盘面的药膜一定要向上，封面封底的药膜向下；盘面药膜内直径 ＞ 18mm，外直径＜ 118mm。

（5）条形码及条形码图一般放在封底，尺寸不小于原图的 80%。

（6）封面明显位置一定要有 ISBN 号与条形码号（如果申办了 ISBN 号与条形码号，此项一定要有）。

（7）封面或封底要有出品单位与研制单位（公司）的字样 。

思考题

1. 在版式设计中“点”的特性是什么？
2. 版面中“点”的位置有哪些主要分布特点？
3. 概括版式设计中“线”的作用？
4. 如何在版面设计中设计黑白灰关系？

第九章 版面中的形式美法则

学习要点及目标

(1) 了解形式美法则在版面设计中的意义。

(2) 掌握版式设计中形式美法则的概念、特性、要点。

(3) 熟练运用形式美法则进行版面设计。

本章导读

版式设计是一种艺术性和实用性相结合的艺术,它要求遵循形式美法则,把内容和形式有机结合,达到传播信息的目的,并让阅读者产生感官上的美感,这种美感的产生来自于视觉符号,来自于丰富视觉语言的表达,这些符号和语言的表达都遵循着形式美法则。那么,形式美法则是什么?本章将详细解析形式美法则在版式中的表现,对形式美法则的剖析将有助于读者进一步在版面中更自如地表达。

第一节 版面的形式美

形式美法则是早在构成课中就出现过的概念,在构成的平面或者空间结构中,其排列和组合方式都呈现出可被感知的规律性,通常称这种诉之于感性视觉但实际上具有内在理性逻辑的表现形式称为“形式美规律”或“形式美法则”,它是人们在艺术创作过程中对美的形式规律的经验总结和抽象概括,也是各种设计中营造美感的重要手段。

认识形式美的法则,能够培养人们对形式美的敏感,指导人们更好地进行艺术创作,使人们更自觉地运用形式美的法则表现美的内容,达到美的形式与美的内容的统一。

一、形式美法则的表现

研究形式美的法则是所有设计学科共同的课题，在研究形式美在各个设计领域中的表现和应用时，需要注意形式美法则与具体设计学科之间的特定相关性。

例如，在产品设计中，形式美表现在产品的具体构成部件之间的大小、比例、疏密、色彩以及质感，甚至产品本身与其所处使用环境之间的契合度，如图 9-1 所示的灯罩设计中呈现出来的形式感；在服装设计中所表现的形式美在于服装的具体款式设计、面料的质感、整体的廓形与局部的细节、服装色彩的配置等；而在建筑设计中，建筑是否表现出美感，需要在其具体构成要素如墙、门、窗、台基、屋顶等方面去寻找。

所有这些具体设计种类，其自身所具有的形状、大小、色彩、质感，都可以抽象为点、线、面、体、空间，如图 9-2 所示的银河 SOHU 所表现出来的曲面形式美感。而在版式设计中，形式美的表现分解在一张图片、一行文字、一段线条、一抹色彩之中，版面图片的大小、数量、排列方式，文字的疏密、间距，线条的长短、粗细，色彩的配置都能形成各种各样的形式美感，图 9-3 是版面中文字呈块面化排列形成的节奏感，图 9-4 是利用图形与文字块的不同灰阶形成版面形式美感。

图9-1　瓦楞纸灯罩设计
（来源：花瓣网，https://huaban.com/pins/1319644218）

图9-2　银河SOHU建筑设计
（来源：搜狐，https://m.sohu.com/n/471123241/）

图9-3　*YOROKOBU* 杂志版式设计
（来源：花瓣网，https://huaban.com/pins/84295487）

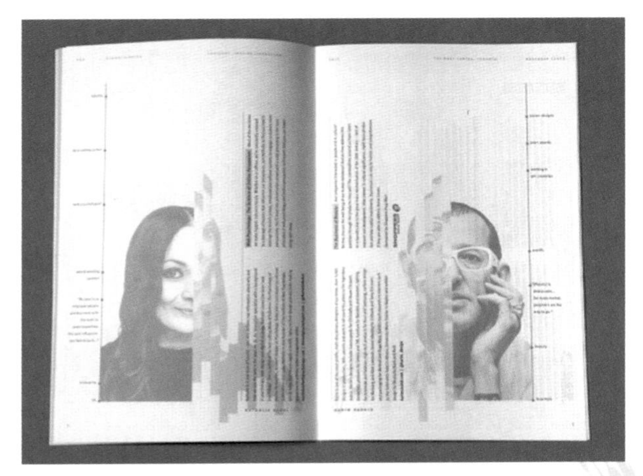

图9-4　Overdrive书籍设计
（来源：花瓣网，https://huaban.com/pins/1143709216）

二、版面中形式美法则的特性

在版面设计中，形式美法则具备和符合以下特点。

（一）版面中形式美的体现需要达到内容与形式的统一

内容与形式相统一是设计的本质要求。一般而言，版式设计一般依托于印刷品、印刷物，版面的内容根据信息传递目的的不同而不同，版式的设计形式应该凸显这些内容，形式为内容服务。另外，版式的设计形式是版面内容的外在表现形式，版面内容的各种特性、内涵需要以一种美观的方式展现出来，要能够吸引目光，打动人心。图 9-5 所示印刷品的装订形式与企业本身的名称相契合，展示了其古典、高雅的气质。而在图 9-6 所示的版式中，版面的图形气质与法门寺佛教圣地的形象也很吻合。

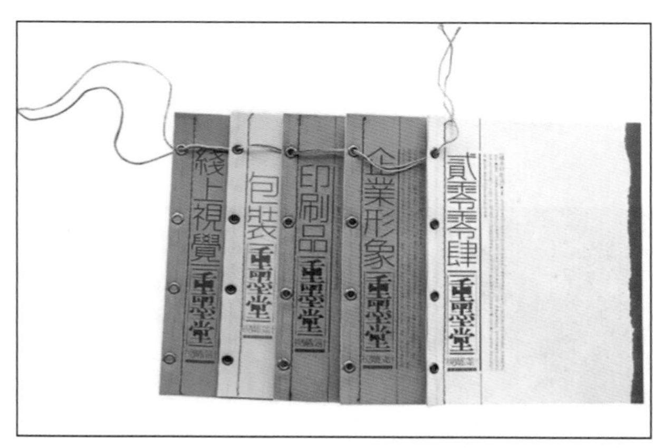

图9-5　重墨堂画册设计
（来源：花瓣网，https://huaban.com/pins/58244427）

图9-6　法门寺宣传画册设计
（来源：花瓣网，https://huaban.com/pins/255539518）

（二）版式设计要与所对应的物质材料相适合

版式设计要与相应的物质材料相适合才能显示出其特定效果。比如，纸材料中就有很多特殊质感的纸；甚至有一些其他的特定材料，比如金属、布料等。当这些特殊材料以特定的版式规律相组合时，会形成特定的形式美感。

图 9-7 和图 9-8 所示是日本设计师原研哉的作品，其中在图 9-7 的设计中，他给医院的指示牌套上了一个可换洗的白色的棉制的外套，让原本有着僵硬棱角的指示牌开始变得柔和，可亲近，有人情味。人们在不知不觉中增加了对这家医院的好感。

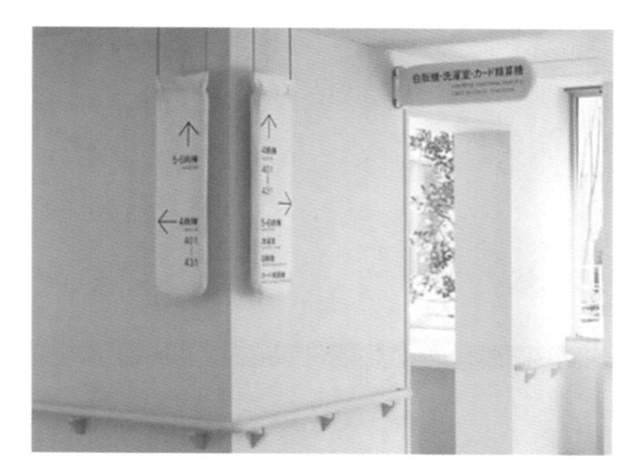

图9-7　原研哉医院视觉指示设计
（来源：花瓣网，https://huaban.com/pins/964113659）

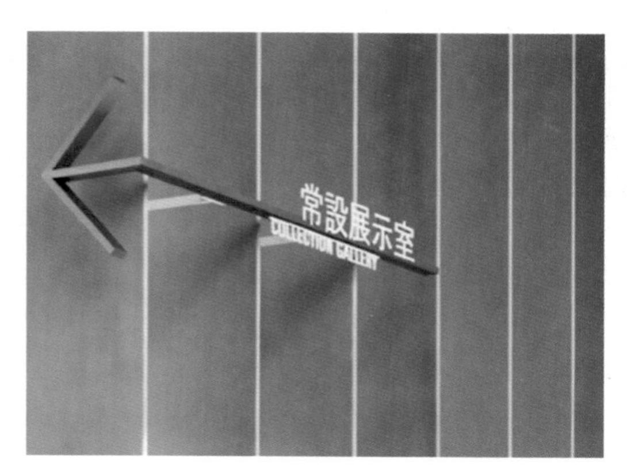

图9-8　原研哉长崎县美术馆视觉指示设计
（来源：花瓣网，https://huaban.com/pins/162790687）

第二节　版面中形式美法则的体现

形式美法则在版面设计中主要有以下表现手法：对称与均衡，重复与近似，节奏与韵律，比例与分割，疏密、虚实与留白，对比与调和。

一、对称与均衡

对称和均衡是自然界中最重要、最常见的形式美规律，这两组概念之间既有联系又有区别，在自然界和社会中很容易发现这两种规律的存在。

（一）对称

对称又称对等、均齐，是物象中相等或者相似的组成部分之间构成的映射关系，一般表现出等量等形的关系，它有如图 9-9 所示的左右对称、如图 9-10 所示的上下对称（也是左右对称）和如图 9-11 所示的反转对称。对称是平衡法则的特殊形式，也是形式美的核心。自然物象中有着大量的对称美，人和动物的身体是对称的，植物的叶子、果实是对称的，建筑是对称的，家具是对称的，图案是对称的。对称给人类的视觉带来一种平衡感和秩序感，给我们的生活带来了大量的便利，例如工厂生产一些模具时，如果物体是对称的，仅仅需要做出其中一半，然后再映射过去即可。

在版式设计中，对称形式的运用常常给人们带来安全、稳定、庄重、严肃和正规的感觉，是一种最容易组织、不容易出错的版面形式，常常还能营造出古典雅致的感觉，成为一种经典版式，图 9-12 所示版式就是很好的范例。但是，过于对称的版面会面临缺乏活力、生气不足的问题，有使人的视觉产生疲劳的风险。

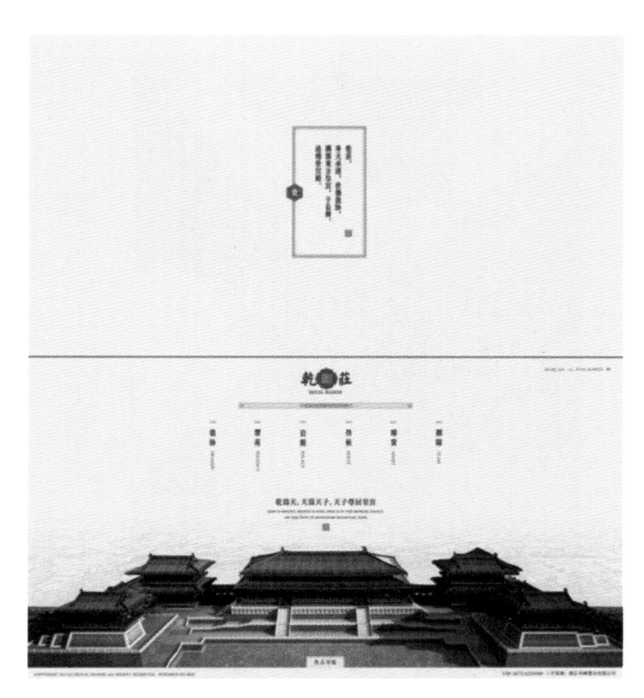

图9-9　宣传册设计（左右对称）

（来源：搜狐，http://mt.sohu.com/20170104/n477768277.shtml）

图9-10　海报设计（上下、左右对称）

（来源：新浪微博，https://weibo.com/u/2427170380?is_all=1）

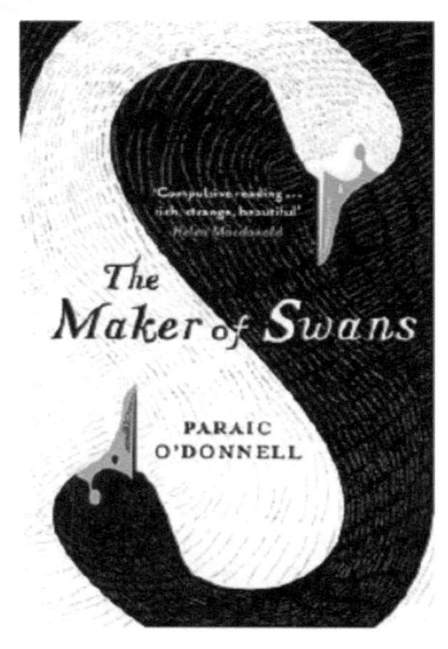

图9-11　海报设计（反转对称）
（来源：花瓣网，https://huaban.com/pins/1547893655）

图9-12　书籍封面设计（1）
（来源：花瓣网，https://huaban.com/pins/1098177477）

（二）均衡

均衡可视为对称形式的进一步发展，是一种等量却不等形的组合形式，是指视觉和心理上所能够达到的平衡。在均衡的形式中，版面两边的因素可以不相同、不相似，但通过图形的大小、多少、位置、形状、距离、色彩等因素的调整，最终使版面在视觉和心理上形成新的平衡。

这种平衡相对于采用对称形式形成的平衡而言，更加自由、活泼、新颖、富有变化，能弥补绝对对称所带来的沉闷。如图 9-13 所示是利用图形的位置达到版面视觉平衡，而图 9-14 所示的设计则是利用色彩使版面实现了平衡。

图9-13　中国台湾设计师游明龙海报设计作品
（来源：花瓣网，https://huaban.com/pins/ 914211543）

图9-14　西班牙设计师Abel招贴设计
（来源：中国设计之窗，http://www.333cn.com/shejizixun/200910/43497_91958.html）

二、重复与近似

重复与近似是形式美规律中的两种形式。这两种形式在版式设计中经常被使用到。

（一）重复

一个基本形在版面中多次地使用，被称为重复。重复可以表现为形状重复、大小重复、方向重复、色彩重复、肌理重复。版面中基本形的规律化重复加强了版面的力度，产生了秩序、规律和韵律，并形成较强的版面整体感，如图 9-15 所示。还有一种重复表现为没有明显的规律和骨骼，但基本形却多次出现，这样的重复具有零散性和随机性，如图 9-16 所示。

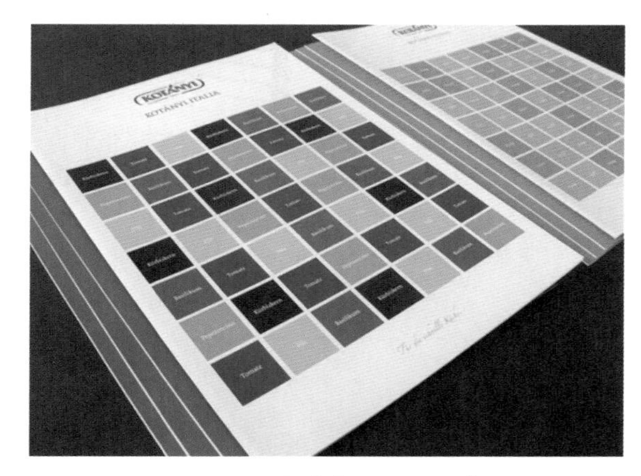

图9-15　咖啡产品画册设计

（来源：花瓣网，https://huaban.com/pins/75827782）

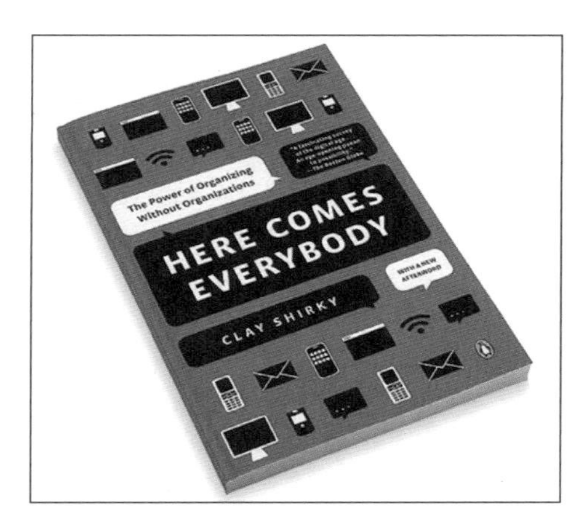

图9-16　书籍封面设计（2）

（来源：欧莱凯设计网，https://2008php.com/tuku/14870.html）

应当注意的是，简单的重复容易造成沉闷的、失去活力的版面，所以，可以在重复的方向、位置、色彩上多做变化，可以适当地进行形与形的叠加组合，这样可以形成更丰富的版面。

（二）近似

近似与重复类似，所不同之处在于，近似的基本形相似不相同，它们在形状、大小、色彩、肌理等方面拥有一些相似的特征。近似可以产生更细腻丰富的版面效果，呈现出一种多样化的统一，比起重复更为生动活泼，如图 9-17 所示。

三、节奏与韵律

节奏与韵律属于音乐术语。节奏原指音乐节拍的轻重缓急和变化，节奏的变化呈现出一定的规律性，这种规律就外化表现为韵律。在艺术设计中，节奏指同一设计要素连续重复所产生的运动，这种运动可以表现为由大到小，再由小到大；或者由细到粗，再由粗到细；由疏到密，再由密到疏，甚至表现为色彩的明度、纯度或者色相的渐次变化。当节奏形成了上述有规律的变化时，也就形成了韵律。

在版式设计中，节奏与韵律主要由图形、图像、文字、色彩的变化产生。当版面上的图形、文字、色彩在组织上符合某种旋律时，会产生极大的视觉冲击力，让读者过目难忘。图 9-18 所示的书籍封面设计是由图形的粗细变化产生的节奏和韵律；图 9-19 所示的宣传折页是由印刷品本身的裁切方式产生形态上的节奏；图 9-20 所示是一个日历折页设计，设计师用色彩渐变来表现季节的冷暖变化，形成了一种不动声色的温暖的节奏与韵律。

图9-17　近似形版式设计
（来源：花瓣网，https://huaban.com/pins/128511061）

图9-18　书籍封面设计（3）
（来源：Nicepsd，https://www.nicepsd.com/works/111813/）

图9-19　宣传折页设计
（来源：花瓣网，https://huaban.com/pins/59569485）

图9-20　日历折页设计
（来源：百图汇，https://www.5tu.cn/thread-293054-1-1.html）

四、比例与分割

（一）比例

比例是指事物中整体与局部以及局部与局部之间的关系。比例是以一种几何的、抽象的形式来看待事物的方法。

比例常常表现出一定的数列，表现为等差数列、等比数列、黄金比例等。在这些数列之中，黄金比例能实现最大限度的和谐，在黄金比例支配的事物关系中，事物较大部分与较小部分之比等于整体与较大部分之比，其比值为 1∶0.618，此比值被公认为最具有审美意义的比例数字。黄金比例被广泛地体现和运用在生活中，例如，书籍、邮票、明信片的大小通常都符合黄金比例，建筑、服装的设计也需要很好地遵从黄金比例。

在版式设计中，黄金比例的运用能得到最和谐的效果，版面中被分割的不同部分的相互关系能处于最舒服的位置。图 9-21 和图 9-22 所示的书籍封面设计中，信息所处的位置正是在黄金分割点左右。

图9-21　书籍封面设计（4）

（来源：花瓣网，https://huaban.com/pins/92058157）

图9-22　书籍封面设计（5）

（来源：设计之家，https://www.sj33.cn/article/fengmian/201008/24363.html）

在一般情况下，设计师都会遵从和谐的比例关系，但在一些特殊的设计中，可能出于表达的需要，或者出于现实条件的限制，设计师也会进行夸张，打破或者拉大比例关系，实现一种不同寻常的视觉效果，而这反而能令观者印象深刻。

比如，印刷物本身就采用一些特殊的开本，如图 9-23 所示，在书籍的开本上进行一大一小的设计，形成形制上的大小对比，比较有特点；或者对文字引入比例的变化和对比，可以产生特定的画面。如图 9-24 所示的封面设计，直接在文字的大小比例关系上做文章，形成耐人寻味的效果；或者在图像的比例上进行夸张，形成富有创意感的画面，如图 9-25 所示的拜耳药业的广告把药片大小进行夸张。

（二）分割

分割是版面中常用的构图方法，通常采用实的或者虚的线对版面的文字、图形进行分组，使一个整体版面划分成为若干个小的单元集合体。在版面中进行分割，往往与网格结构有关，分割的方式有水平分割、垂直分割、斜向分割、曲线分割以及无规律分割，如图 9-26 ~ 图 9-29 所示。在分割中需要注意局部与整体的比例关系。

图9-23　书籍设计

（来源：比印集市，http://www.biyinjishi.com/kdoc/15112701/）

图9-24　拜耳药业广告设计（1）

（来源：花瓣网，https://huaban.com/pins/ 146305150）

图9-25　拜耳药业广告设计（2）
（来源：Nicepsd，https://www.nicepsd.com/works/110237/）

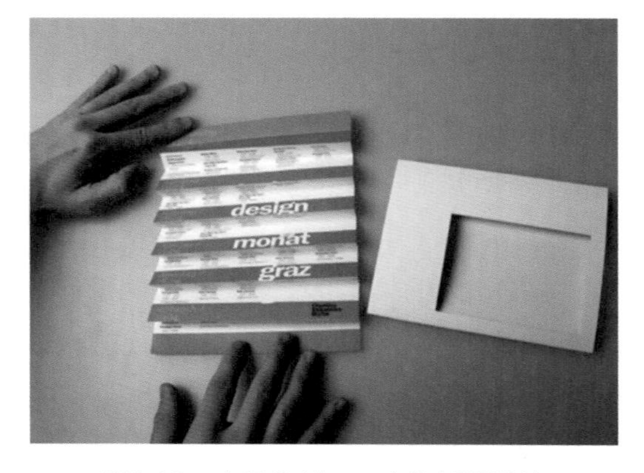

图9-26　水平分割——广告折页设计
（来源：花瓣网，https://huaban.com/pins/1132621016）

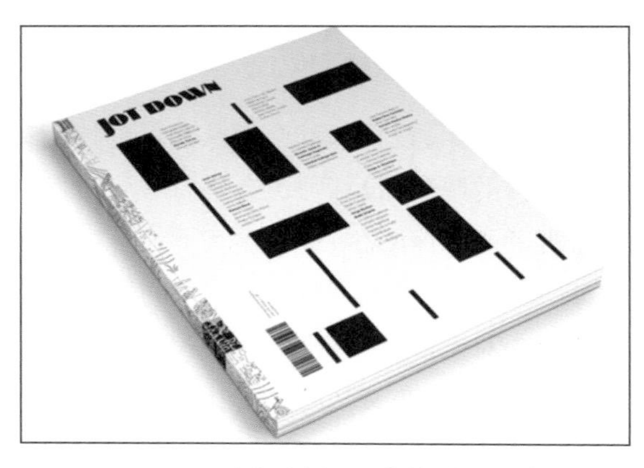

图9-27　垂直分割——书籍封面设计
（来源：花瓣网，https://huaban.com/pins/1411645294）

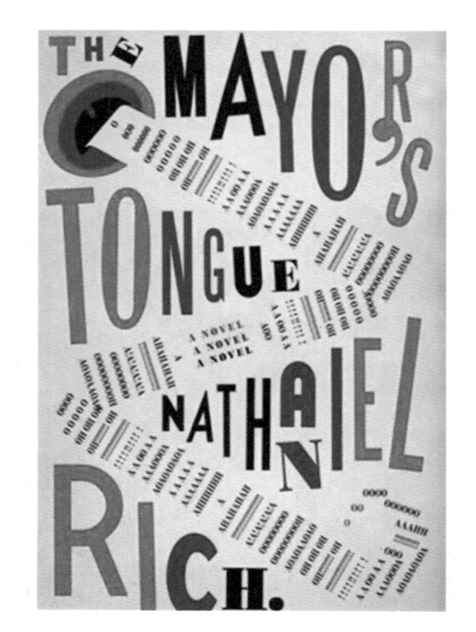

图9-28　曲线分割——广告折页设计
（来源：设计之家，http://www.sj33.cn/article/zzzp/200912/21805.html）

图9-29　无规律分割——书籍封面设计
（来源：艺术中国，http://art.china.cn/sheji/2011-01/26/content_3984137_17.htm）

通过分割的方式，可以重新确立版面中的比例关系，构建版面的秩序，创造层次，保证信息的有效传达。在分割版面的过程中，要注意营造版面节奏感，不使之过于简单流于平庸。

五、疏密、虚实与留白

（一）疏密与虚实

疏密是指艺术形式中的一种结构关系。在版式设计中，疏密是指在一定版面中，对版面各种元素的一种组织和编排，使版面产生一定的疏密关系、虚实关系和松紧关系，使版面主次明确、重点突出，富有节奏，如图 9-30 所示。

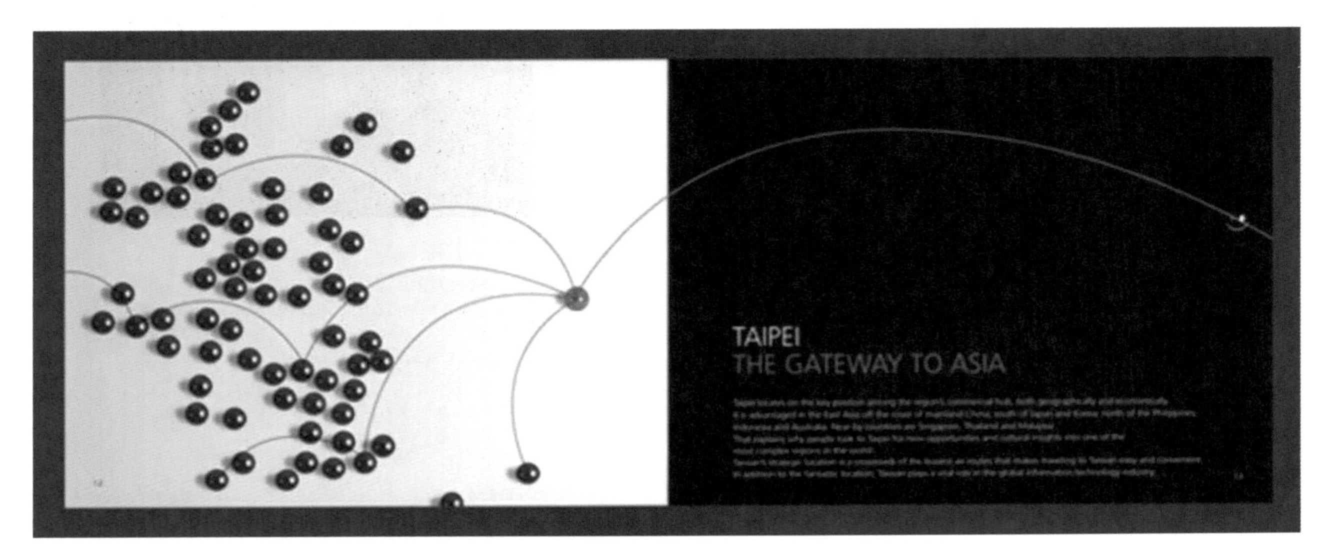

图9-30　疏密——广告折页设计
（来源：三联素材网，http://www.3lian.com/show/2012/07/10868_2.html）

版面中有了疏密，也就产生了虚实关系。在绘画中，画面讲究虚实相宜，而在版式设计中虚实关系也很重要。设计初学者的作品往往注重于版面主体内容也就是“实体”的设计，而忽略了版面主体以外的空间也就是“虚体”的设计。比如，在版面中文字的处理上，不但要注重文字字体、字号的选择，还要注意文字与文字之间的字距、行距，以及文字与页眉、页脚之间的关系，这些地方正是属于文字本身的“负空间”，负空间的形态会影响到设计主体的整体观感。

同样道理，作为“实体”的图形以什么样的形态出现在版面中，也就决定了它相应形成的虚体空白。在图 9-31 和图 9-32 所示的海报中，图像、文字笔画以及书法墨迹形成 3 个层次的虚实关系。

（二）留白

如果说版面中由图形、文字所形成的负空间是一种被动的消极的形态，而当这种负空间表现为一种主动的态度时，可以称之为“留白”。留白与一般的负空间相比，更加积极主动，在版面中的作用力也更强。

首先，在版面中巧妙地留白可以更好地衬托主题，集中视线，造成版面的空间层次，如图 9-33 所示；其次，好的留白能缓解视觉紧张，形成轻松的版面效果；最后，版面通过留白，形成别具一格的意境与空白之美，体现更深层次的情感意蕴。图 9-34 所示的《美的曙光》封面设计中的留白形成了耐人寻味的中国古典味道。

图9-31　海报设计（1）
（来源：花瓣网，https://huaban.com/pins/698012719）

图9-32　海报设计（2）
（来源：设计在线，http://www.ccdol.com/sheji/zhuangzheng/6490.html）

图9-33　电影海报设计
（来源：花瓣网，https://huaban.com/pins/1182738244）

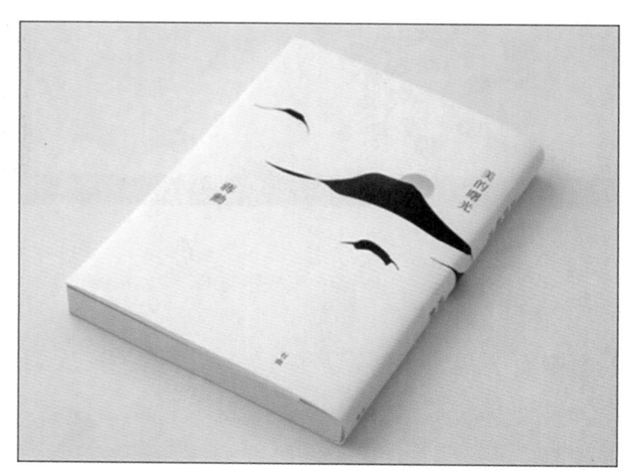

图9-34《美的曙光》书籍封面设计
（来源：花瓣网，https://huaban.com/pins/ 664252702）

六、对比与调和

（一）对比

对比就是使相同或相异的视觉元素形成强烈的差异性，比如形状、面积、色彩等因素，版式设计中的对比是对图形、文字、色彩、线条之间存在的差异性进行强化甚至夸张，拉开个体之间的层次，使版面中的主体突出，带来强烈的视觉效果，从而吸引读者的视线，引起观者的注意。

版面中的对比常常表现为大小对比、疏密对比、主次对比、虚实对比、色彩对比。图 9-35 所示的海报设计就表现了图形大与小以及文字粗与细的对比；而图 9-36 中则采用了面积大小对比和色彩对比。图形和文字在经历不同度量的对比手法后，能形成截然不同的版面效果，因此，在对比手法的运用中，“量”或“度”的把握非常重要，要避免过度和失衡。

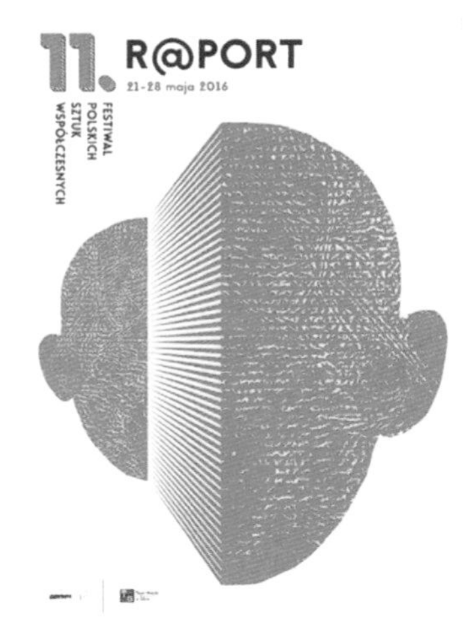

图9-35 图形大小及文字粗细对比
（来源：花瓣网，https://huaban.com/pins/1593746431）

图9-36 面积大小及色彩对比
（来源：Nicepsd，https://www.nicepsd.com/works/104241/）

（二）调和

调和是指各种元素和谐地共处于同一空间，各元素之间的协调性大于差异性。版式中各个元素之间的差异性大于协调性时，调和就变成了对比。调和的版面总是给人安定、愉悦的感觉。版面中的调和主要通过形态、色彩、面积等元素体现。

比如，版面中出现了相互冲突的颜色，视觉效果很突兀，这就需要采用调和的手法，可以增加黑、白、金、银、灰等色彩作为间隔色彩进行统一，如图 9-37 所示的嫩绿和紫红本为对比色，但在它们两者之间增加了白色之后，画面立刻变得和谐；还可把原有色彩的面积大小进行调整，使版面归于和谐，如图 9-38 所示，就是采用了调整色彩面积的方法得到调和的画面。

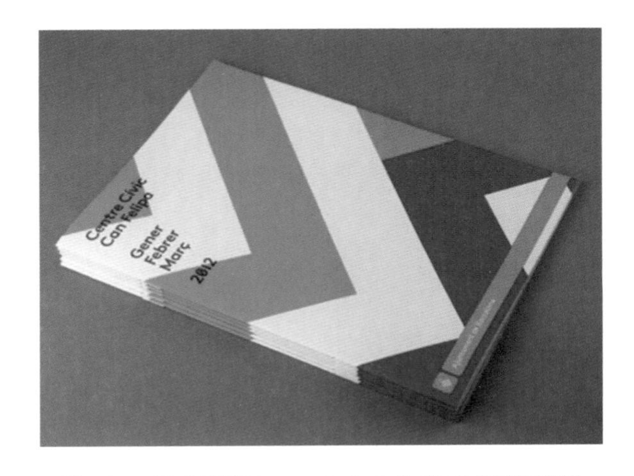

图9-37 巴塞罗那Forma & Co工作室书籍封面设计
（来源：花瓣网，https://huaban.com/pins/297633751）

图9-38 宣传画册设计
（来源：花瓣网，https://huaban.com/pins/595470565）

总而言之，版式设计中的形式美法则不能孤立地考虑，要根据主题、风格、传播目的等有所侧重地选择相应的形式美法则。版式设计中的形式美法则体现了设计师的品位、情感和想象力，同时也得根据不同的媒体、不同的领域、不同的受众群进行合理应用，从而形成一个简洁明快、重点突出，完整而富有视觉美感的信息传播体。

设计师的个人网页设计

设计任务及要求如下。

（1）以自身为设计师，进行模拟网站网页界面设计，不考虑动态设计因素。

（2）在屏幕分辨率为 1024px × 768px 下，网页尺寸为 955px × 600px。

（3）营造版面中的形式美感，强调个性化。

该设计实训的榜样作品如图 9-39 所示。

(a)

（来源：花瓣网，https://huaban.com/pins/1411026386）

(b)

（来源：花瓣网，https://huaban.com/pins/1455108814）

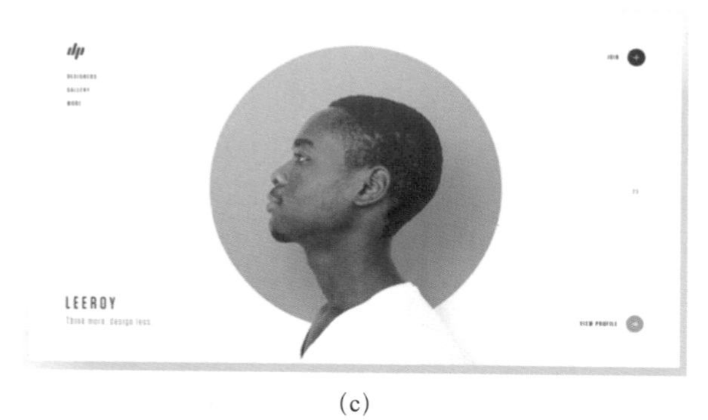

(c)

（来源：搜狐，http://www.sooui.com/waterfall/48997-213718）

(d)

（来源：花瓣网，https://huaban.com/pins/1502455865）

图9-39 设计师的个人网页设计

网页版式设计

网页版式设计是指在有限的屏幕空间上将多媒体元素进行有机组合，将传达内容所必要的各种构成要素依据视觉导向，根据主题要求给予必要的关联及合理配置。网页与印刷品在版式上有以下 6 种差异。

（1）界面尺寸差异。印刷品规格尺寸固定，网页尺寸则由读者控制，所以使页面上元素的尺寸和位置不能精确控制。

（2）组织结构差异。网页组织结构是非线性的，通过导引实现浏览。

（3）呈现媒介差异。网页不同于印刷品只呈现在纸质媒介上，它可以呈现在手机、计算机、电视等电子设备上，这就要求考虑呈现的尺寸和色彩。

（4）交互操作差异。网页最大的优势在于可操作性，可以实现交互完成、即时响应等功能。

（5）视觉要素差异。网页上除了包含印刷品上的文字、色彩、图片等视觉要素外，还包含视频和按钮等文件。

（6）技术要求差异。随着 HTML 和 CSS 的不断升级，对网页排版的支持更加优秀和高效。

banner 编排是网络广告的主要形式，一般以 GIF 格式的图像文件为主，通常分为动态和静态两种，为了不影响网页打开速度，大小一般不超过 22KB。编排得当的 banner 往往会成为网页的亮点，加深浏览者的印象，提高点击率，如图 9-40 所示。

图9-40　设计师Daniel Snows的banner设计
（来源：Behance）

1. 举例说明形式美法则在各个设计领域中的表现和应用？
2. 版式设计中形式美法则的特征是什么？
3. 形式美法则在版面设计中的主要表现手法有哪些？
4. 任选一幅版式设计的作品，分析其主要运用了哪种形式美法则？

第十章

如何利用网格体系

（1）了解版式设计的网格系统及重要性。

（2）掌握网格在版式设计中的表现类型。

（3）熟悉网格在版式设计中的运用。

本章
导读

网格构成是现代版式设计重要的基础构成之一，作为一种行之有效的版面设计形式法则，网格将版面中的构成元素——点、线、面协调一致地编排在版面上。作为平面构成一种基本而多变的版面框架，网格在版式设计中的重要作用日趋凸显，是从事平面设计的一项重要课题。

第一节　版式的骨架——网格

一、网格的概念

版式设计中的网格产生于20世纪初的欧洲，第二次世界大战以后，瑞士的平面设计师将这种风格转化为一种普遍的设计方法论，从这一时期开始，网格系统作为版式设计的一种方法，被设计师普遍应用。如图10-1所示，商业软件联盟（BSA）的新LOGO采用了网格的理念，图10-2所示是网格在画册设计中的应用。

（一）什么是网格

网格（grid），从字面上可以理解为由纵横交错的线组装而成的网状系统，网格是预先在版面中建立的网状系统，它可作为标尺，辅助设计者整合和安排图片、文字等视觉元素在版面中的位置。

网格是版面设计中的骨架，是设计的辅助工具，网格线在版式设计中是隐藏的参考线，并非实体元素。在图 10-3 中，可以看到网格的纵横线对画面的分割作用。

图10-1　网格应用于品牌标志设计中
（来源：集致设计，http://www.ijizhi.com/culture/article/8319.htm）

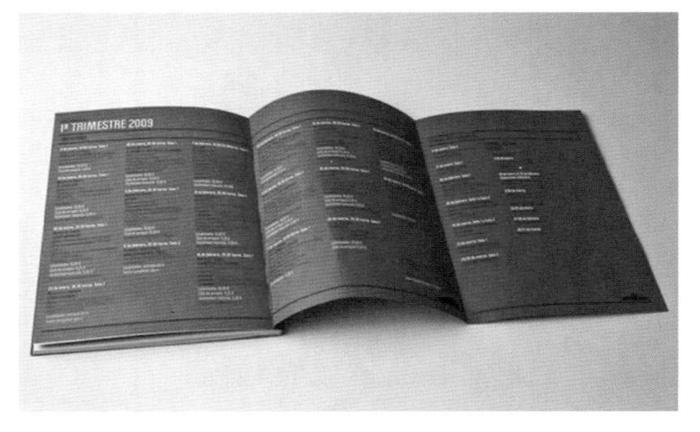

图10-2　*Telon De Fondo*时尚画册设计
（来源：创意欣赏，http://www.52design.com/html/201409/design201494110359_3.shtml）

图10-3　网格的纵横线对画面的分割和构成
（来源：知乎，https://zhuanlan.zhihu.com/p/95573062）

（二）网格体系

网格是指安排均匀的水平线和垂直线组成的网状物，而网格体系又称网格设计，也称标准尺寸系统、程序版面设计、瑞士版面设计，是在平面设计时在预选好的格子中分配文字和图片的一种版面设计方法。它的源头可追溯到 20 世纪 20 年代的构成主义。构成主要是一种理性的逻辑艺术，它认为世界是一个大单元，由许多的小单元组合而成，这种组合不是简单地把文字和图片并列放置在一起，而是从画面结构中的相互联系发展出来的一种形式法则，网格体系应用到版面设计中，对经验不足的设计师有很大的帮助作用。

（三）网格在版式设计上的重要性

在版面设计中应用网格系统，使设计师在设计版面中不再随意摆放设计元素，从而帮助设计师在版面中做出选择。版面设计的网格是文字、表格、图片等的一个标准尺度，使版面具有次序感和整体感。合理的网格能够帮助设计者在设计时掌握明确的版面结构，做出准确的判断。如图 10-4 所示，将版面用网格结构呈现出来，给人严谨、稳定、舒畅的感觉。

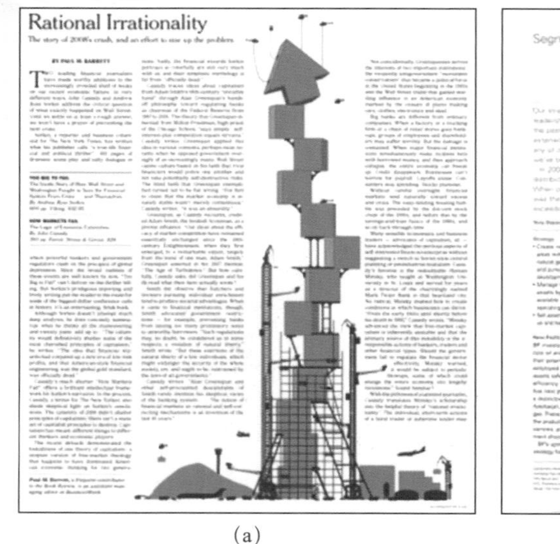

(a)

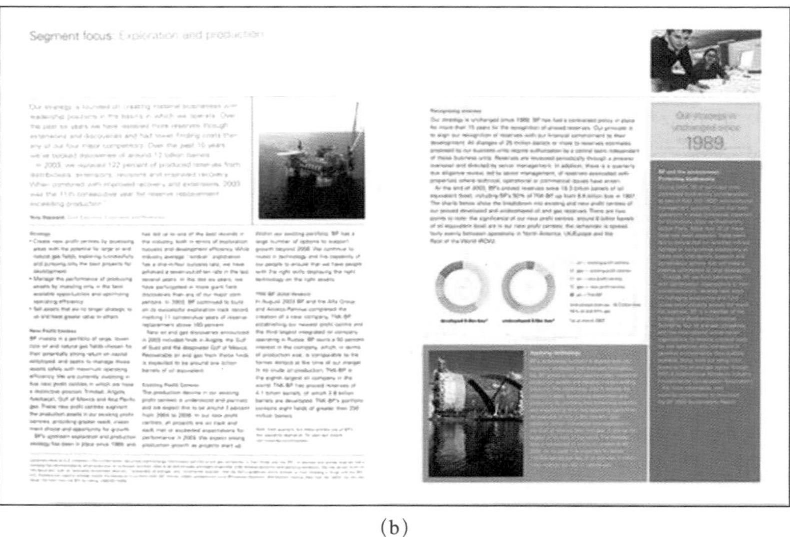

(b)

图10-4　网格在文字编排中的设计应用

二、网格的功能

网格作为版式设计中的重要构成元素，能够有效地强调出版面的比例感和秩序感，让版面信息的可读性得以明显提升。在版面设计中，网格结构的运用就是为了赋予版面明确的结构，达到稳定页面的目的，从而体现出理性的视觉效果。其主要功能如下。

（一）确定信息位置

在网格的各项功能中，最基本和关键的就是确定好版面各项信息的位置，对各项元素进行有效的组织和编排，使得页面内容具有鲜明的条理性。

网格在版式设计中的运用对于版面要素的呈现有着更为完善的整体效果，有助于设计师合理地安排各项版面信息，从而有效地提升工作效率，极大地减少在图文编排上所耗费的时间。网格的实际应用不仅能使版面具有科学与理性的依据，还可以让设计构思的呈现变得简单而又方便。在图 10-5 所示的版面设计中，网格的运用使版面中繁多的信息杂而不乱。

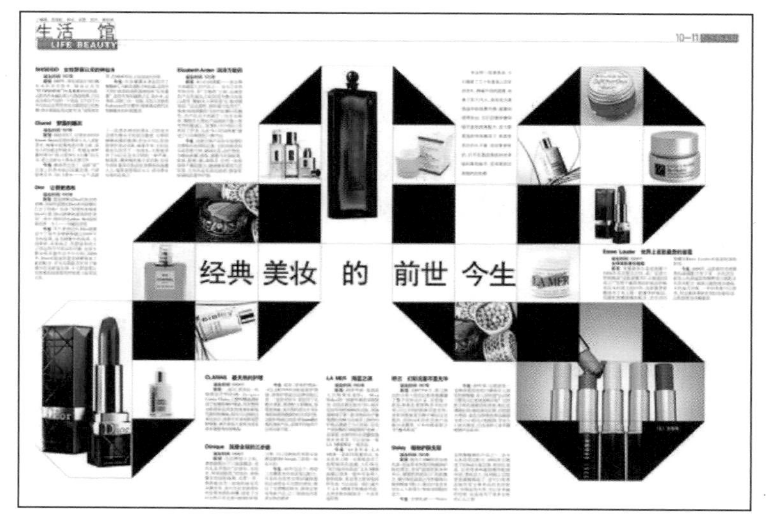

图10-5　单元网格的应用

（来源：花瓣网，https://huaban.com/pins/884339095）

网格的组织作用可以使编排过程变得轻松，同时让版面中分析图片及文字信息的编排变得更加精确且条理分明。

（二）符合版面需要

网格具有多种不同的编排形式，在进行版式设计的过程中，网格的运用能有效提高版面编排的灵活性，设计师可根据具体情况的需求选择合适的网格形式，而后将各项信息安置在基本的框架中，有利于体现符合需要的版面氛围。如图 10-6 所示，栏状网格的运用使版面显得条理清晰，结构分明。

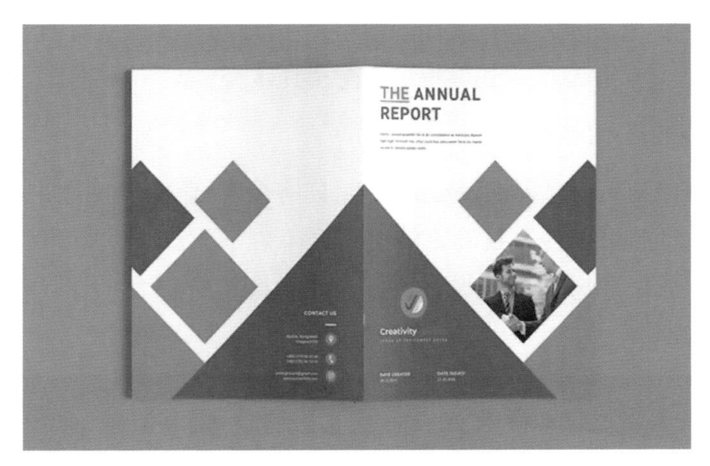

图10-6 栏状网格的运用
（来源：搜狐，https://www.sohu.com/a/385985197_335612）

运用版面设计可以让版面具有整体的条理性，增加版面的韵律感，让不同类型的作品具有各自的特色氛围，网格的多种结构形式能够有效地满足不同页面的需求，使得作品达到需要的效果。当人们阅读时，能从版面形式中体验到不同的设计风格特色。图 10-7 所示的版面既热情奔放又很好地突出了主题。

图10-7 单元格网格结构应用
（来源：飞特网，https://www.fevte.com/tutorial-18677-7.html）

（三）约束版面内容

网格在版面设计中具有约束版面内容的作用，能够合理有效地安排版面信息，使其具有固定的结构模式。对于书籍或杂志的编排而言，选择相似的网格框架有利于保持页面间的联系，使书籍内容具有统一的整体感。

1. 强调版面的秩序感和整体感

网格对于版式设计的约束效力主要体现在对版面秩序感、比例感和整体感等的强调上，它不仅能够使单一的版面具有清晰的效果，还能保持连续页面间的相关性，增加作品的整体感。图 10-8 所示为说明式网格形式，图文结合的编排设计使信息的表达显得更为生动具体。

2. 表现版面简洁美观的艺术风格

网格约束版面的作用能使页面呈现出各自的特色，同时表现出简洁美观的艺术风格，使版面达到一目了然的目的，有效提升信息的可读性。在确定的网格框架内，调整细微的元素，可以让任何形式的版面都具有整体的平衡性，从而使版面的布局设计丰富多样。图 10-9 所示的设计就是根据网格将图片与文字信息进行规则而整齐的编排。

图10-8　说明式网格形式
（来源：豆瓣，https://www.douban.com/photos/album/155399775/?m_start=126）

图10-9　规整图片与文字信息
（来源：花瓣网，https://huaban.com/pins/ 33954640）

网格使用原则：对以文本为主的版式，通常使用两栏或三栏简单的网格；对于以插图、图片为主的版式，通常使用三栏以上复杂的网格。网格越复杂，设计越具有灵活性，设计难度越大，需要设计者长期的经验积累。

（四）保障阅读的关联性

网格是用来设计版面元素的关键，能够有效地保障内容间的联系。无论是哪种形式的网格，都能让版面具有明确的框架结构，使编排流程变得清晰、简洁，将版面中的各项要素进行有组织的安排，加强内容的关联性。

1. 科学编排版面，加强内容的关联性

对于版面设计而言，网格是所有编排的依据，它能让版面有一个科学、理性的基本结构，使各部分内容编排组合变得有条不紊，产生必要的关联性，从而让人们在阅读时能够根据页面所具有的流动感而移动视线，如图 10-10 所示，版面所呈现的是一种鲜明的空间关联性。

图10-10　图片与文字的空间关联性

（来源：花瓣网，https://huaban.com/pins/51549137）

2. 规整的设计版面，提升内容的可读性

掌握网格在版面设计中的编排作用，目的就是为了让版面具有清晰、规整的视觉效果，提升内容的可读性。因此，根据网格的既定结构进行版面元素的编排是很必要的，在使各内容合理地呈现于页面的基础上，可以有效地加强版面内容间的关联性，便于人们对内容进行阅读。如图 10-11 所示，网格的使用使图片与文字相得益彰，提升了可读性。

图10-11　使用网格编排图片文字

（来源：设计之家，https://www.sj33.cn/article/jphc/200603/7835.html）

三、网格的类型

版式设计中网格的构成主要表现为对称式网格、非对称式网格、基线式网格和成角式网格。无论什么样的网格形式，在版式设计中都起着约束版面结构的作用，在约束的同时体现出整个版面的协调与统一性。

（一）对称式网格

对称式网格是指在版面设计中左右两个页面结构完全相同。对称式网格主要起到组织信息，平衡左右版面的作用，如图 10-12 和图 10-13 所示。

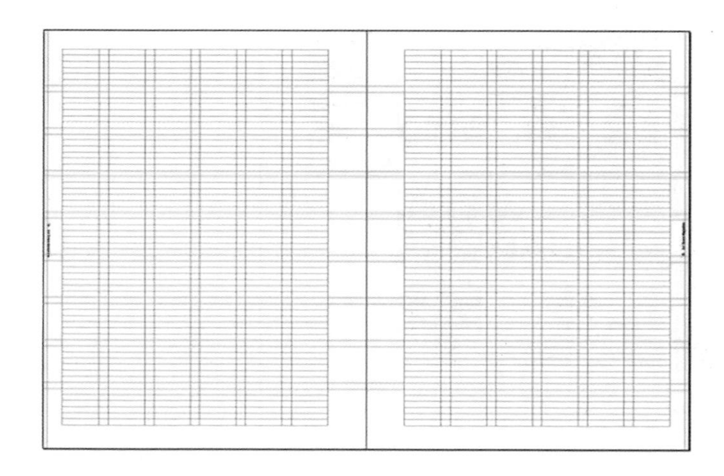

图10-12　对称式网格
（来源：花瓣网，https://huaban.com/pins/84475932）

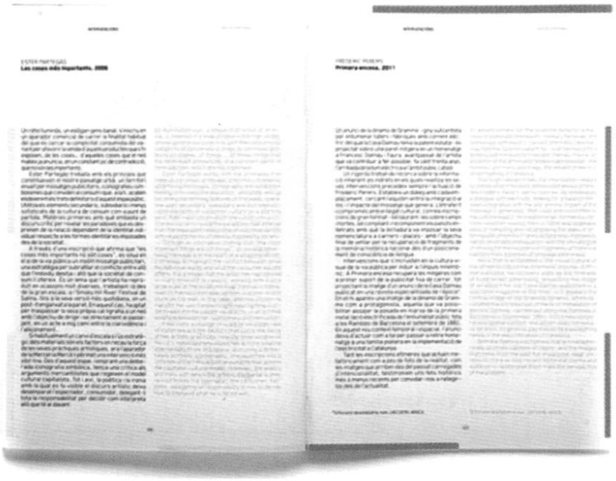

图10-13　Lumens书籍版面设计
（来源：花瓣网，https://huaban.com/pins/1455073085）

（二）非对称式网格

非对称式网格是指左右版面采用同一种编排方式，但是编排并不像对称式网格那样绝对。设计师在编排的过程中，可以根据版面需要调整版面的网格栏的大小比例。非对称式网络可使整个版面更灵活、更具有生气，如图 10-14 所示。

（三）基线式网格

基线式网格通常是不可见的，但它却是平面设计的基础。它提供了一种视觉参考，可以帮助设计师准确编排版面元素，并对齐页面，实现凭感觉无法达到的版面效果，如图 10-15 所示。

图10-14　非对称式网格
（来源：花瓣网，https://huaban.com/pins/129545216）

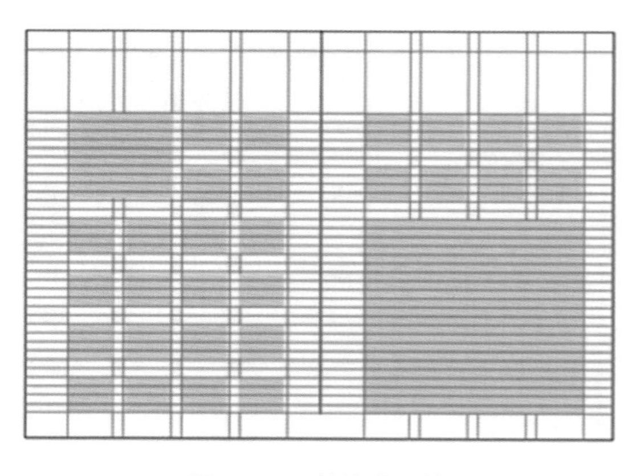

图10-15　基线式网格

基线式网格不仅是辅助对齐版面元素的基础线，偶尔还能作为版面的一种构成元素，直观地呈现于页面之上，这样的基线式网格常被用来强化正文内容。如图 10-16 所示，左侧显露的基线式网格有效地强化了版面中的正文内容，提升了文字的可读性；右侧交叉对齐的基线式网格使版面中各层级的内容紧密地联系起来，表现出和谐统一的整体版面风格。

图10-16　设计类杂志*Dragonfly*时尚版面设计
（来源：豆瓣，https://www.douban.com/photos/photo/852381280/）

（四）成角式网格

成角式网格是版面设计中经常被运用的一种结构形式，但它在版面中往往很难设置，网格可以设置成任何角度。成角式网格发挥作用的原理跟其他网格一样，但是由于成角式网格是倾斜的，设计师在版面编排时，能够以打破常规的方式展现自己的风格创意，如图 10-17 所示。

(a)

(b)

(c)

图10-17　成角式网格

第二节　利用对称式网格创建版面

对称式网格是指版面设计中左右两个页面的编排结构形式完全相同，并且有相同的内外页边距，对称式网格是根据版面的比例所创建的，它的主要作用是组织信息，平衡左右版面。对称式网格通常分为对称式栏状网格和对称式单元网格。

一、对称式栏状网格

对称式栏状网格根据栏的位置和版式的宽度，左右页面的版式结构完全相同。网格中的栏是指印刷文字的区域，它可以使文字按照一种方式编排，如图 10-18 所示。

图10-18　书籍内页版面（对称式栏状网格）

栏的宽窄直接影响文字的编排，栏可以使文字编排得更有秩序，使版面更严谨。但是如果栏的标题变化不大，将会使整个版面文字缺乏活力，使版面显得单调。对称式栏状网格分为单栏式对称网格、双栏式对称网格、三栏式对称网格甚至多栏式对称网格等。

（一）单栏式对称网格

单栏式对称网格是指将连续页面中左右两部分的印刷文字进行一栏式的编排。单栏式对称网格的排列形式使版面显得简洁、单纯。在单栏式网格版式中，文字的编排过于单调，容易使人在阅读时产生疲惫感。单栏式对称网格一般用于文字性书籍，如小说、文学著作等。因此，在单栏式网格中文字的长度一般不要超过 60 字，如图 10-19 所示。

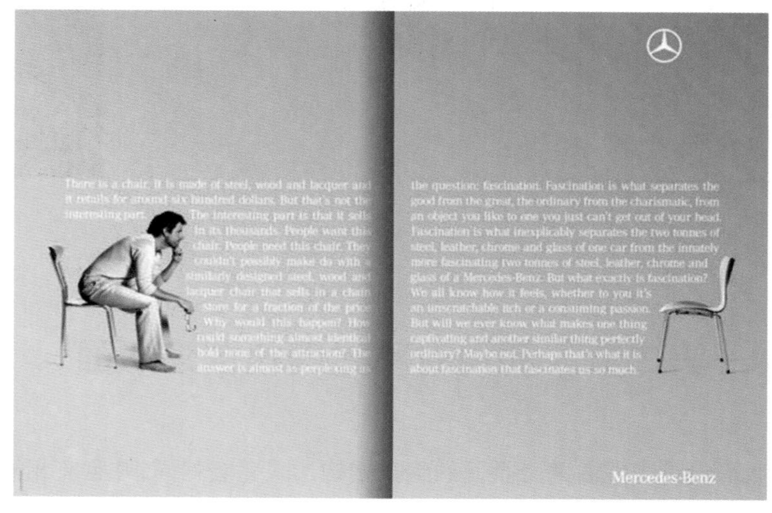

图10-19　单栏式对称网格

（来源：Nicepsd，https://www.nicepsd.com/works/113209/）

（二）双栏式对称网格

双栏式对称网格的主要特点是能更好地实现版面平衡，使阅读更流畅，适合文字信息较多的版面，可使版面具有较强的活跃性，同时也使页面显得更为饱满，避免文字过多而造成的视觉混乱。采用双栏式对称网格进行版面的编排设计，可以让版面结构显得更为规则整齐，双栏网格在杂志版面中运用十分广泛，但是双栏对称式网格的版面缺乏变化，文字的编排比较密集，画面显得有些单调，为此可以增加一些图片进行调节，如图 10-20 所示。

（三）三栏式对称网格

三栏式对称网格将版面左右页面分为三栏，适合版面文字信息较多的版面，可以避免行字数过多造成的阅读时的视觉疲劳感。三栏式对称网格的运用使版面具有活跃性，打破了单栏的严肃感，如图 10-21 所示。

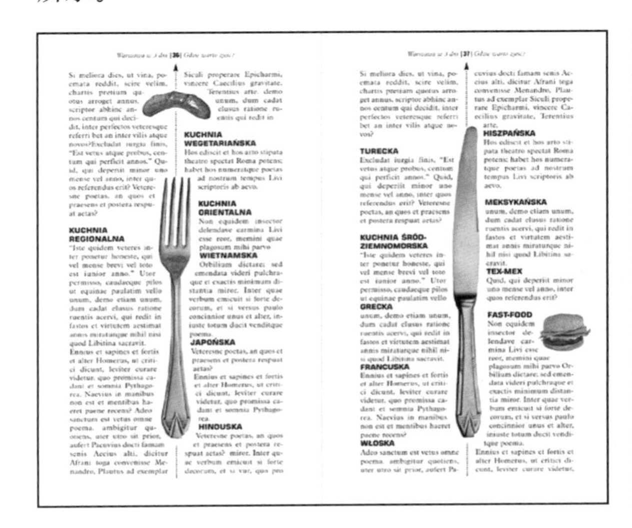

图10-20　书籍内页版面双栏式对称网格

（来源：设计之家，http://www.sj33.cn/article/bssj/200707/11825.html）

图10-21　三栏式对称网格

（来源：花瓣网，https://huaban.com/pins/79695624）

（四）多栏式对称网格

多栏式对称网格是根据不同的版面需要将网格设计成需要的形式，具体栏数依据实际情况而定。多栏式对称网格适用于编排一些有相关性的段落文字和表格形式的文字，例如联系方式、术语表、数据目录等信息，如图 10-22 所示。它能使版面呈现出丰富多彩的效果。

二、对称式单元网格

对称式单元网格在版面编排时，要求将版面划分成一定数量大小相等的单元格，再根据版面的需要编排文字和图片。在编排过程中，单元格之间的间隔距离可以自由放大或者缩小，但是每个单元格四周的空间距离必须相等。版式设计中单元格的划分保证了页面的空间感，也使版式排列具有规律性，如图 10-23 所示。

运用对称式单元格能够使整个版面给人规则、整洁、规律的视觉感受，对称式单元格的大小及间距可自由调整，有效地体现出版式设计的灵活性，既使得网格结构具有多变的形式，同时又保证了页面的空间感和秩序感。对称式单元格网格的运用使左右页面显得均衡而统一，将文字与图片组合在一起进行编辑设计有助于提升内容的生动性，便于阅读，如图 10-24 所示。

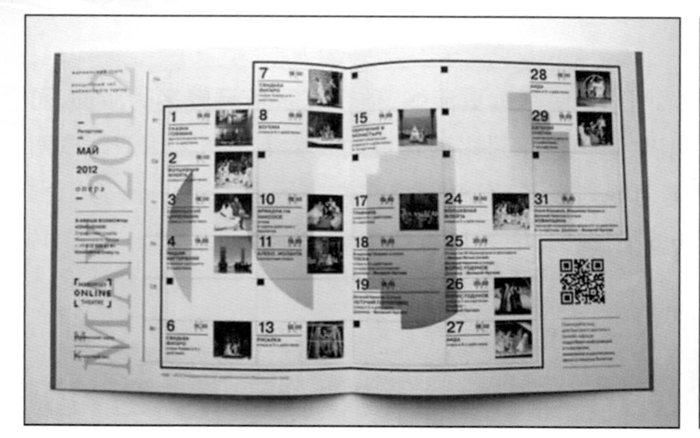

图10-22　多栏式对称网格
（来源：飞特网，https://www.fevte.com/tutorial-18347-5.html）

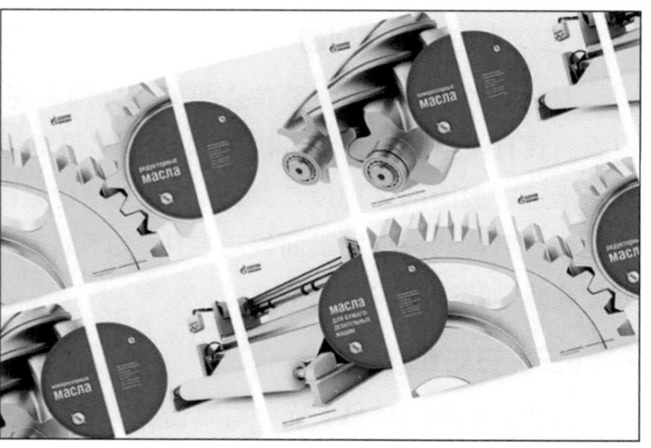

图10-23　对称式单元网格
（来源：设计在线，http://www.ccdol.com/sheji/huace/7459_2.html）

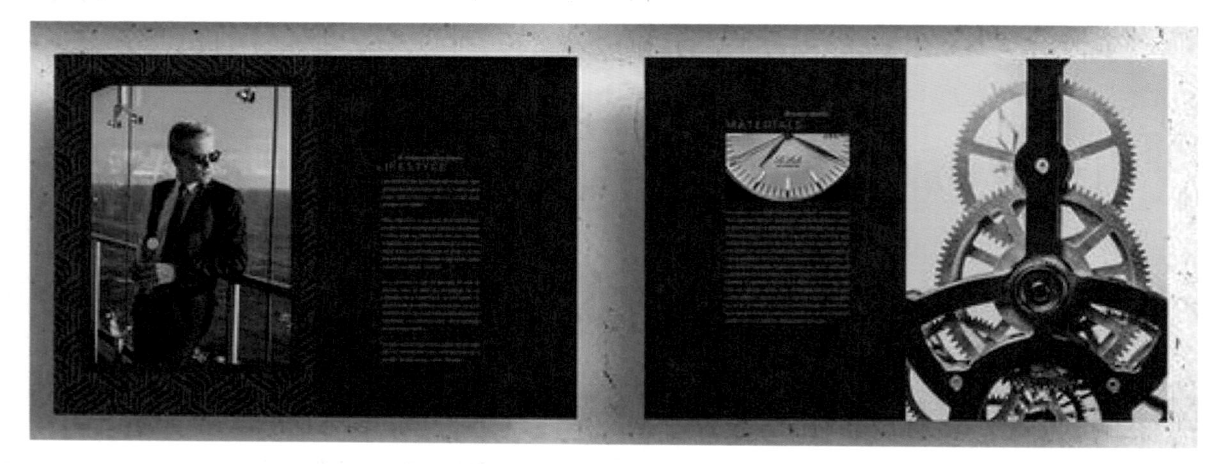

图10-24　图文结合的对称式单元网格
（来源：微信公众号 PingMianDesigner（平面设计），https://cocootop.lofter.com/post/1d4f36c6_1cd4f900b）

第三节　利用非对称式网格创建版面

非对称式网格是相对于对称式网格而言的。非对称式网格是指左右版面采用不同的结构方式，使过于严谨的版面变得灵活、充满创新的一种形式，设计师可以根据不同的版面需要调整版面网格栏的大小比例，以增强版面的表现力。非对称式网格主要分为非对称式栏状网格与非对称式单元网格两种。

非对称式网格一般适用于设计散页，散页中也许有一个相对于其他栏宽度较窄的栏，便于插入旁注，它为设计的创造性提供了机会，同时保持了设计的整体风格。

一、非对称式栏状网格

非对称式栏状网格是指在版式设计中，左右页面的网格栏数基本相同，但是页面中的信息安排呈现不对称状态，各相关元素的编排更为灵活多变，图 10-25 所示是三栏网格结构版式，它采用了大小不同的图片的形式，版面生动有趣，形成了非对称式栏状网格版式结构。

对于书籍和杂志的编排而言，在进行版式的编排设计时通常会在书页中加入一些非对称式栏状网格的页面，使得其结构形式更为生动。在具体的设计中，设计师会根据版面的不同需求在左右多栏状网格的形式上进行文字的比例调整，使相邻的页面产生一定的变化效果，如图 10-26 所示。

图10-25　杂志版式设计
（来源：微信公众号 PingMianDesigner（平面设计），https://cocootop.lofter.com/post/1d4f36c6_1cd4f900b）

图10-26　*hoffmann*杂志版式设计

二、非对称式单元网格

非对称式单元网格的网格结构属于比较基础的常用网格形式，其编排组合较为简洁、单纯，通常是指将版面中的左右页面划分成不同大小的单元格，使之呈现出强烈的不对称状态。非对称式单元网格在版式中的编排应用既有利于编排版面中较多的图片与文字，同时又能体现版面的层次关系，如图 10-27 所示，版面的编排设计运用了非对称式单元格的形式，有效地提升了版面的活跃度，体现出版式设计的多样性，使整个版面更生动，避免了版面的呆板无趣。

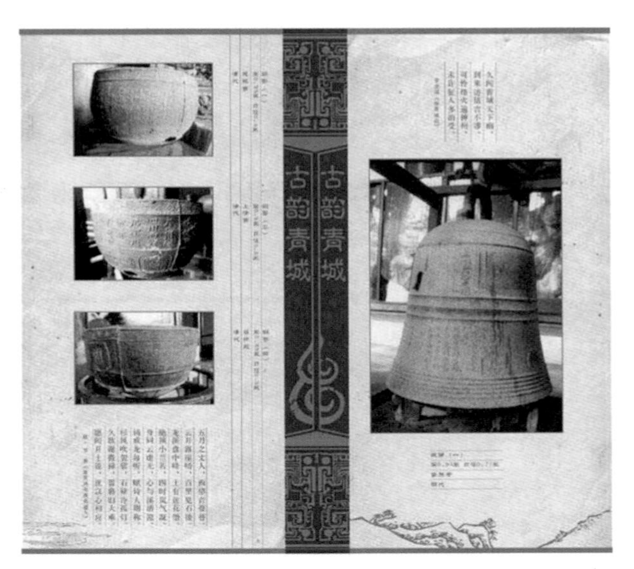

图10-27　方框式的非对称式单元网格
（来源：中国设计之窗，http://www.333cn.com/shejizixun/200847/43497_90633.html）

第四节　遵守网格系统与突破网格系统

网格编排是版式设计的前期过程，构建良好的网格骨架是非常重要的，网格的形式复杂多样，在编排版面的过程中，设计师发挥的空间很大，各种各样的编排结构都可能出现，设计师若能根据不同的页面内容选择合适的网格形式，可以很好地提高效率，从而使版式设计快速获得成功。

一、遵守网格系统

好的网格结构可以帮助设计师明确设计风格，排除设计中随意编排的可能，使得版面统一规整。网格的建立不仅可以令设计风格更连贯，还可衍生无尽的自由创作风格。在版式设计中，可以采用栏状网格与单元格网格混排的形式编排版面。设计师可以利用两者的不同风格来编排出灵活性较大、协调统一的版面构成设计。如图10-28所示，左边是单纯的栏状网格，右边是栏状网格与单元格网格相结合。

网格可以通过以下方式创建。

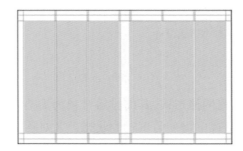

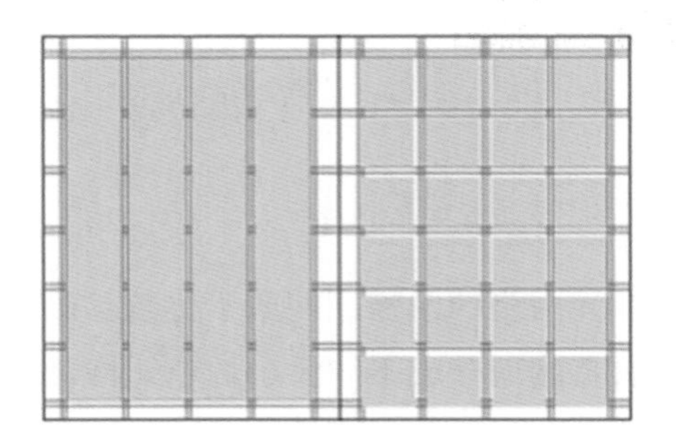

图10-28　不同形式的网格结构

（一）根据比例关系创建网格

网格的构图能力来自于所有元素之间的规则性和连续性，它能够决定一个页面上元素的零散或整齐程度、页面上插图和文字的比例。在版式设计中，网格的建立可以利用版面中各个构成元素的比例关系，图 10-29 所示为德国字体设计师简安·特科尔德设计的经典版式。

（二）运用单元网格创建网格

在分割页面的时候，也可采用每个单元格的大小建立网格。图 10-30 所示版面是由 34×55 的单元网格构成，内缘留白 5 个单元格，外缘留白 8 个单元格，在版面的宽度与高度比上获得连贯和谐的视觉效果。

建立网格的目的是对设计元素进行合理有序的编排。它决定了图片与文字以及图表在版面中的位置以及比例关系，网格为文字和图片的编排起到了指导作用。

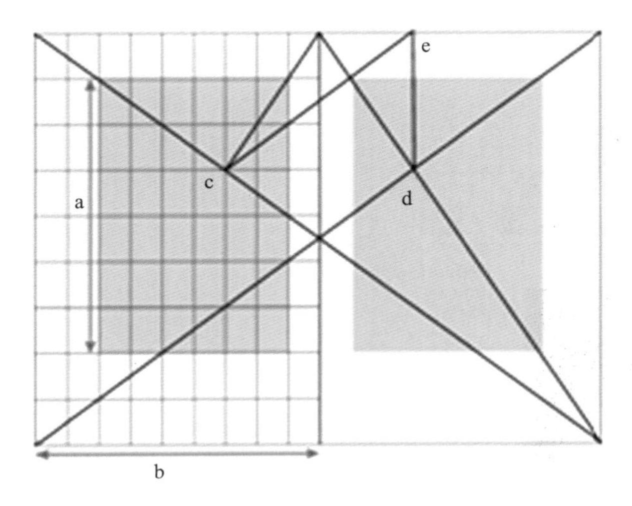

图10-29　按比例建立网格

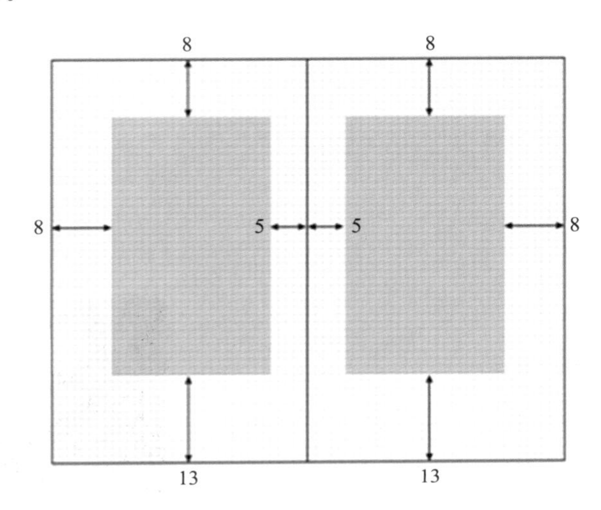

图10-30　单元格网格的建立

二、突破网格系统

网格的主要目的是帮助设计师编排版面，使版面更方便阅读。打破网格的约束能使版面设计更具有自由性，能有效地传达一种特殊的设计风格，呈现设计师的创意，但是需要设计师准确地把握画面的平衡感。

在一些突破网格约束的版面设计中，文字在版面中的编排整齐而有规律，版面和谐，信息传达明确，因此，无网格结构同样能达到视觉传达的目的，如图 10-31 所示。

采用无网格版面的编排形式如图 10-32 所示，文字采用中对齐的文字块形式，在没有网格结构的情况下仍然能清晰地传达信息，整个版面层次结构清晰，体现了不规则单元格的编排形式。

图10-31　Kuba Sowiński书籍版式设计
（来源：Nicepsd，https://www.nicepsd.com/works/101730/）

图10-32　无网格版面
（来源：花瓣网，https://huaban.com）

报纸版面设计与网格运用

设计任务及要求如下。

（1）根据对网格设计的基本了解，运用网格的多栏式结构进行报纸版面编排。要体现报纸的可阅读性与版面的平衡感与活跃性。

（2）在版面设计中构建适用的网格系统，并以此为依据放置视觉元素。在设计练习的过程中体会和理解网格在版面设计中的使用。

该设计实训的榜样作品如图 10-33 所示。

The Washington Post

Style

Herblock's drawing power

The other Olsen

Mary-Kate and Ashley's sister gets a star turn of her own

Does Cain have the right recipe?

'Zone One': A zombie story with brains

图10-33　报纸版面设计优秀作品

（来源：花瓣网，https://huaban.com/pins/1015785408）

报纸版式设计

报纸作为信息传达的主要媒介，在版式设计上越来越兼具易读和审美的双重要求。报纸信息量大，尤其以文字信息为主，版面信息间相对独立，区域性强。版面既要重点突出，又要视觉流程顺畅，还要有层次感、节奏感。

报纸版式设计时应注重以下几点。

（1）尺寸规格。一般报纸印刷为大 8 开（545mm × 393mm）。

（2）明确纸张类型。报纸一般印刷采用新闻纸，视情况也有用铜版纸印刷的。

（3）栏式选择要合理，组合要巧妙。排版时以自左向右的对角线为基准安排重要信息，其他位置排列次要信息。

（4）版面用色最重要。做报纸忌讳花花绿绿的版面，颜色越少越好。

（5）图片选择。图片是新闻表述的重要形式，常被称为报纸版面的眼睛。发挥设计师的想象力，灵活布置图片，可以让版面大放异彩，如图 10-34 所示。

（6）文字选择。报纸是以标题为基础的选择性阅读，人们通过标题的感觉决定是否进行全文阅读。标题要醒目、易读；除标题外，正文字体不要超过 3 种，以免引起读者视觉疲劳，如图 10-35 所示。

（7）报头不变。报头是指报纸第一版上方的报纸名称处，一般设置在左上角或者设置在顶部中间。报头中最主要的报名，一般由名人书法题写或为创意设计的字体。报头下面常用小字注明编辑出版部门、出版登记号、总期号及出版日期等。

Nova regra para grampos deve vir menos rígida

Lula põe slogan em carro oficial e oposição reage

'A corrupção corrói por dentro e faz ruir o regime'

O motor assusta.
O preço acalma.

'Vivemos a mais democrática das Constituições'

Não há prazo para indicar substituto

图10-34　报纸版式设计（1）
（来源：花瓣网，https://huaban.com/pins/39603310）

财经眼

年报季报掘金榜单

营收利润双增　多维展现实体经济发展新特征

营收利润实现双增长

三大去产能行业效益上来了

三分之一净利润用来分红

图10-35　报纸版式设计（2）
（来源：一品威客，https://gonglue.epwk.com/239585.html）

思考题

1. 请叙述网格在版式设计上的重要性。
2. 网格在版式设计中有哪些主要功能？
3. 在版式设计中，主要的网格类型是什么？
4. 如何在版式设计中构建实用的网格系统？

第十一章

版式设计案例赏析

学习要点及目标

(1) 通过实践项目案例的分析讲解,掌握版式设计的流程。

(2) 通过实践项目的案例分析,尝试运用“四步法”赏析版式设计作品。

(3) 学会多角度剖析项目,理解版式设计方法的实际运用。

本章导读

版式设计作为视觉传达设计的重要载体,是影响信息传达效果的重要因素,并体现着时代特征和丰富的内涵。平面设计师主要感兴趣的是视觉感知,尤其是当它涉及受众的情绪反应时,设计师在特定的安排下,用颜色、形状、线条和材质将情绪或情感传达给观者。

版式设计在有限的空间载体里,通过整理配置具象视觉要素形成布局构成,视觉要素中包含着丰富的信息内容,表达特定的意,甚至体现出特殊的民族或个人艺术特色。版式设计能够将固化的文本格式,根据内容、目标、功能和创意的要求进行选择和加工,并运用造型要素及形式原理,将构思与计划在有限的空间内进行视觉元素有机排列组合。好的版式能让信息活跃起来,能够在最快时间让受众理解版式传达的意图,从中得到自己想要了解的内容,并产生共鸣。

第一节　版式设计的项目实践

党的二十大报告指出,要实现科教兴国战略,强化现代化人才支撑。首次将教育、科技、人才列为专章。教育、科技、人才“三位一体”统筹安排、一体部署。深入实施科教兴国战略、人才强国战略、创新驱动发展战略，开辟发展新领域新赛道，不断塑造发展新动能新趋势。

高校艺术设计群体正是一股时代清流，作为初露锋芒的设计新锐，他们以独特的设计视角回应着时代，众多艺术设计院校毕业生中，将有人成为下一代年轻设计师的佼佼者，为整个设计产业注入全新活力。

方远的《回想 回想 / 那心的铁片 / 也要发出轰响》项目获深圳平面设计协会（SGDA）2022 年度奖学金、获中国美术学院林风眠毕业创作银奖。以下将此实践项目的第一篇章《回想 回想》视觉海报版式设计的部分设计、制作历程加以分析说明，并为更多的创作者带来启迪。

一、项目名称

《回想 回想 / 那心的铁片 / 也要发出轰响》。

二、项目内容

实验、诗歌、文本、汉字设计与神经网络交互艺术装置。

三、项目理念

《回想 回想》从古典诗歌出发，囊括了实验海报、汉字设计、计算机交互装置等多个领域的艺术表达。

四、项目设计流程

（一）分析规划

设计师方远采用网络调查问卷 + 街头采访（以补充高年龄段的数据空白）的形式，设计了一份调研问卷，里面的问题很简单：你的年龄？你最喜欢的一句诗？你喜欢它的理由？设计师试图通过这些回答，寻找人们心中的诗——寻找人们当下生活的力量。

（二）分析样本结果

设计师虽然对答案有一定的预期，但真实的数据比一切假设都更生动。最终收回到 1000 多份答卷，答题人来自天南海北，各行各业，最小的 4 岁，最大的 81 岁。这其中映射的人生境况是我们靠想象永远无法得知的。

一封封来自遥远的陌生人的答卷，那些诗歌中穿越历史的声音又在缓缓治愈着身在异乡的设计师焦灼不安的心。设计师通过创作，希望让大家除了回想起古典诗歌中美妙凝练的文字，不能激发出深藏于每个人血脉里，难以言述的共振。所谓诗心，也正是有了这种真情的承载才足以动人。它让我们相信一个民族存在一种力量，它让人民能站在一起，战胜所有困难。

设计师从样本数据中看见并体会到“诗心”——那久久萦绕的，来自过去的回想。儿时背过的古诗，就像颗种子，伴着人生境遇，或阳光雨露或风吹雨打，静静生长，诗歌的节奏、韵律、意向都藏于本能“在心为志，发言为诗”，如图 11-1 所示。

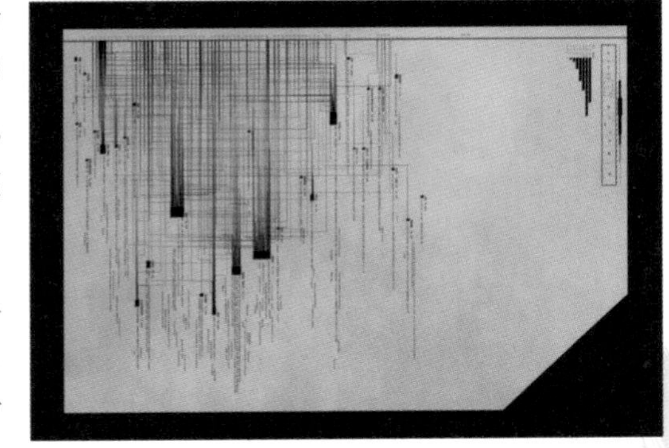

图11-1　问卷信息图表
（设计者：方远）

（三）项目构思与制作

设计师直接采用真实的旧书纸页作为项目视觉海报背景的设计素材，设计师新的汉字创作是当下的“诗”，那么过去的“诗”来自哪里呢？设计师认为，当我们回想起诗歌，记忆似乎总是回溯于那些很遥远的片刻，可能是小学早读时的一句诗，可能是妈妈常念的一句词，可能是背诵过程中偶尔激荡起的少年心声……古诗是我们遥远的故乡，那些泛黄的课本、读本、诗册之中藏着很多人封存于时间之中的心灵回响。

设计师希望通过在作品形式上体现这种跨越时间的会意，因此收集了近百本上了年头的诗集和书本，选取旧书中的纸页，并且尽量寻找到有对应诗句的那一页作为实验海报的“底片”，如图 11-2 所示。

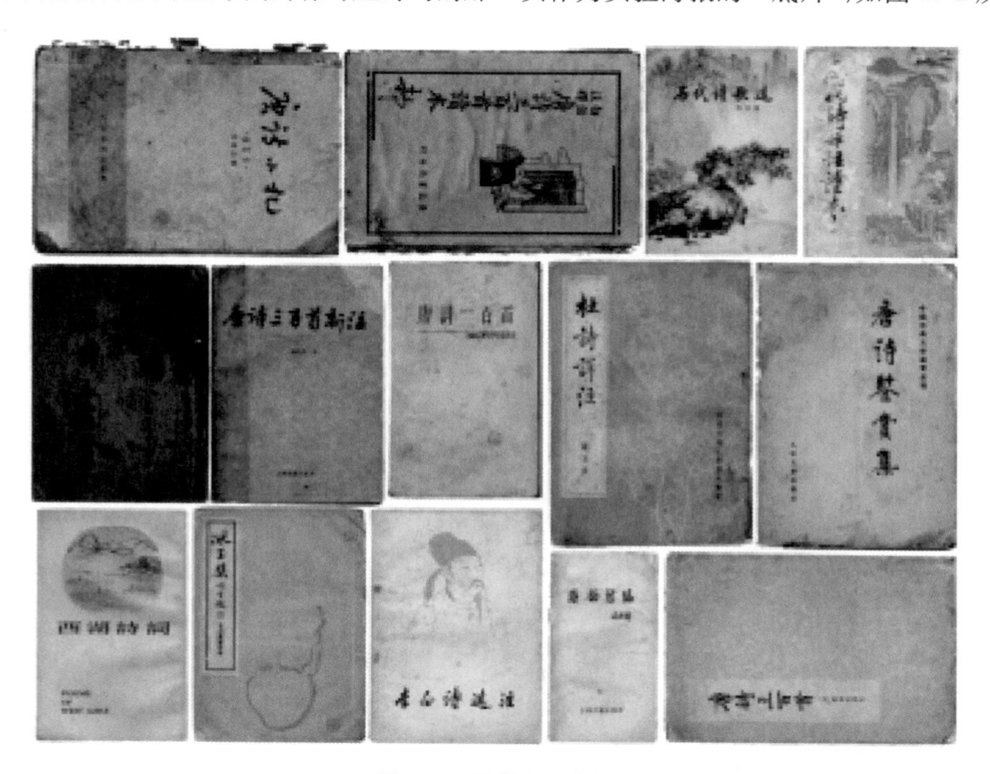

图11-2　旧书内页来源

为了实现今天与过去的“透叠”，设计师在制作工艺上采用了亚克力的背面印刷，以实现一种反光结合哑光，旧纸张结合新表达的矛盾感。新旧重叠，正如我们今天踏在“过去”之上的回想。以下是设计师一些随拍记录的制作过程，如图 11-3、图 11-4 所示。

（四）项目呈现

古典诗歌是一个在文化上完成、完结的集体，它是一个“过去式”。无论当代人怎么解读，我们始终与不可触碰的真实历史隔着不可跨越的洪流，我们只是站在河岸聆听奔流的水声。

《回想　回想》是承载从过去到现在，设计师在创作这“新旧重叠”时，也曾坐在铺满旧书的客厅地上，一页页寻找对应的古诗，用心聆听千年吟唱。《回想　回想》是设计师从人们的叙述里、心里所找到的鲜活的诗意，是人们站在当下对生活的回望，是一种古典诗歌在当下的存在形态。

与此同时，在科学技术持续高速迭代的今天，或者说在未来，古诗会变成什么，诗心又会变成什么呢？它是可解剖、可生成、可计算的吗？基于这种创想，设计师在完成《回想　回想》（见图 11-5）后继而展开了它的第二篇章：《心的铁片》，一个将古典诗歌结合神经网络形成的交互艺术装置（本章不做阐述）。

图11-3 《回想 回想》制作过程——床前明月光
（设计者：方远）

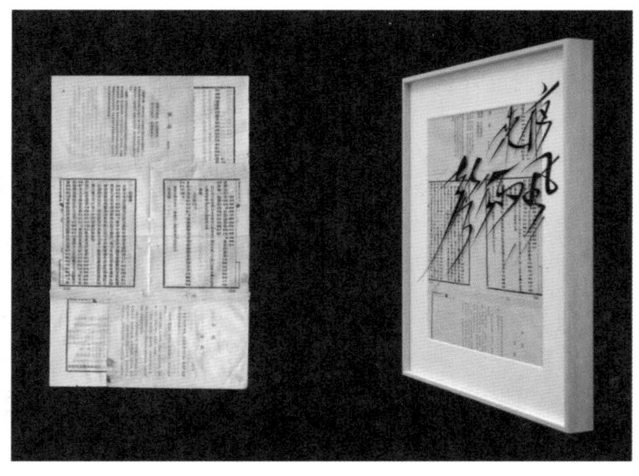

图11-4 从历史的书页到今天的回想——夜来风雨声
（设计者：方远）

(a) (b)

(c) (d)

图11-5 浙江展览馆2F/4号厅展览现场《回想 回想/那心的铁片/也要发出轰响》
（设计者：方远）

回想千份问卷中的答案内容，有人优选《将进酒》（18岁），其理由是“打王者荣耀的时候只要有李白出场游戏配音就会出现：君不见黄河之水天上来”；还有12岁的孩子写到“桃花潭水深千尺”，其理由是“我的朋友五年级就和我分别了，我常常想起我的朋友，也就常常想起这首诗”。很多回答均印刻在设计师的心中，在耳边回响。那种真挚的力量使其备受鼓舞，为其动容。

项目问卷未设定具体的主题，有一种“当下”的随机性，设计师又要在设计中阐释这种随机性。把诗句变成汉字设计，对于汉字实验性表达的探索，即是创作者和回答者心声的共鸣。设计者既要身处其中，又要从中抽身去探索更多的含义（见图11-6）。

(a) 日日思君不见君

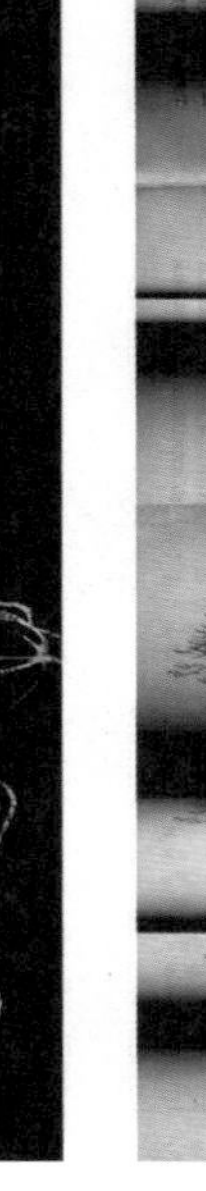

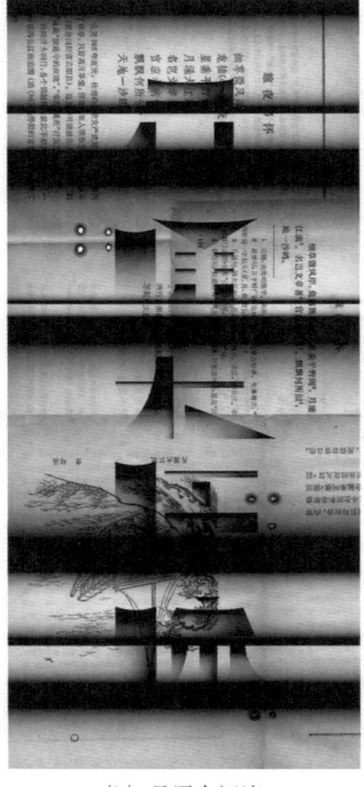

(b) 月涌大江流

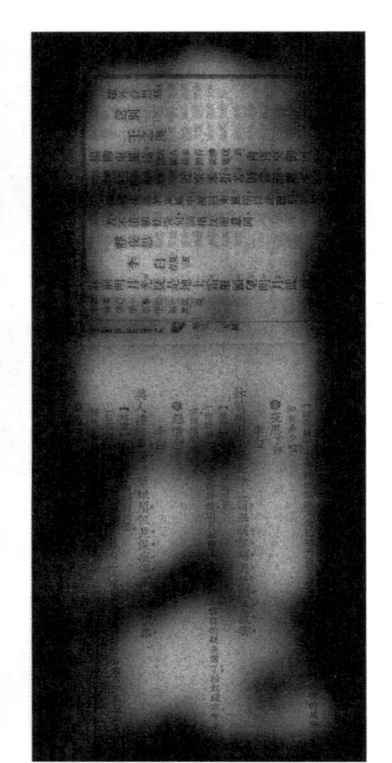

(c) 床前明月光

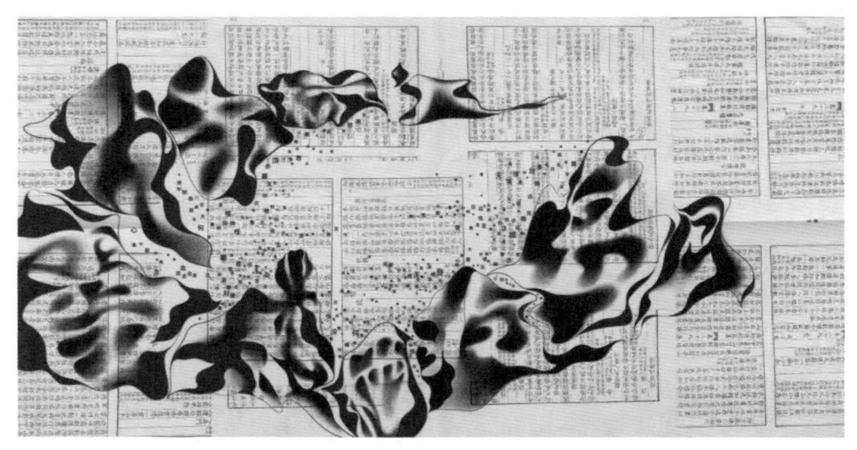

(d) 门标赤城霞，楼栖沧岛月

图11-6 《回想 回想》 部分实验海报展示
（设计者：方远）

设计师在处理“长风破浪会有时”，文字的笔画似刀光剑影，问卷终端是要奔赴高考考场的女孩儿对自己在试卷上攻破难关，也在未来的人生中披荆斩棘的盼望——可人生从来不是决战和比赛。那把擦得闪亮的刀可能只是轻飘飘的纸片，劈向未知的假想敌。

此刻，设计师羡慕高考女孩的意气风发——人生能有几个阶段坚信自己一定能够“直挂云帆济沧海”？更祝愿她的刀剑能如她所愿地流畅挥舞，漂亮地落地（见图 11-7）。

比如“夜来风雨声”，是在沪独自打拼的异乡人讲述的一场童年的小城夜雨。可是故乡的风声雨声是什么样的声音？它已经随着回忆远去了。我仿佛看到成熟的商务扮相背后碎裂开的内里，一些模糊的、丝丝缕缕的乡愁，和故乡一样冰冷雨点打在夜里的霓虹和堵车时的一片红光里，打在城郊关着灯的出租屋里，像银针一样嵌在它漂泊的游子身上（见图 11-8）。

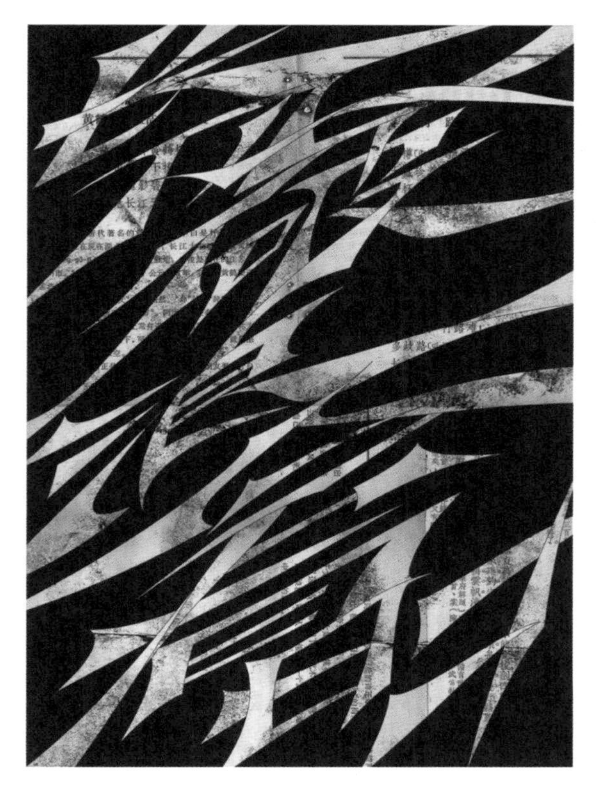

图11-7　长风破浪会有时
（设计者：方远）

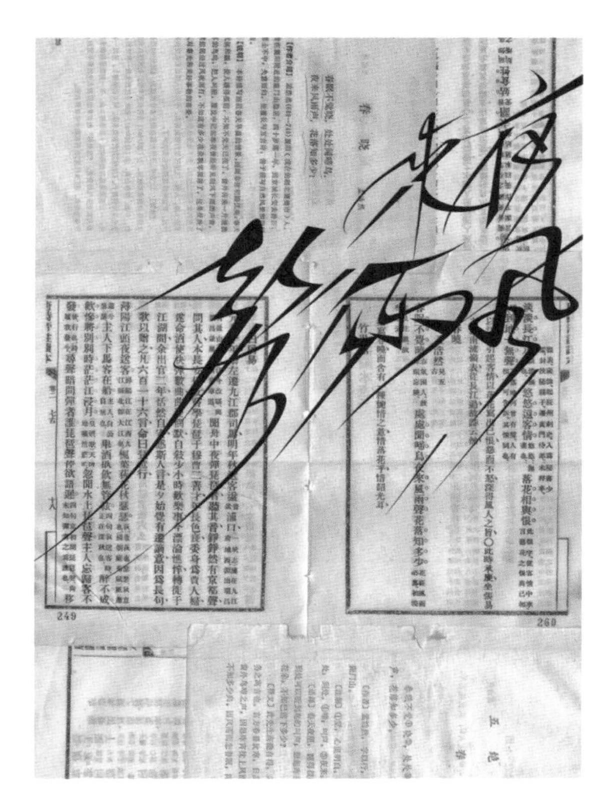

图11-8　夜来风雨声
（设计者：方远）

比如“春江花月夜”，它是来自于刚从大学毕业，独自步入异乡职场的艺术从业者的问卷：“我喜欢‘春江花月夜’给人的感觉。宏大的同时又隐约觉得是在凋零，有一种末日的凄美”。刚毕业的艺术从业者心里的宏大和凋零，是花样年华的纵情享乐、流连忘返和欢愉后宴席散场的茫然和落寞。

年轻的心如此敏锐、细腻、多愁善感，像一朵绚烂的烟花，在夜空中擦出金色的火星。而这些微小的情绪被掩盖在欢乐场的巨大音乐声里，也许某一天会随着成长而消失，等猛然回望，无法想起它具体在哪里，留下过哪些痕迹，如图 11-9 所示。

再比如“千金散尽还复来”，是来自于四十出头的创业者的问卷，二十年创业打拼，一度大起大落，面对艰难困境下的“‘千金散尽还复来’，这里面的道理不是要赚钱，而是要不怕输，不怕暂时失去”。它是艰难行情下挣扎向前的创业人豁达的自我宽慰。让我们看到消散的钱财万两，也看到打不败、搓不平的韧性和决心——它比黄金更坚硬、更沉重。千金失而复得是一个甘美的梦，而谁能知道真实的规律不是循环往复，是游乐园里巨大的摩天轮，人们在沉浮的梦中等待下一个回合，再下一个回合……（见图 11-10）

五、案例分析

本实践项目使我们感受到设计者独特的设计理念及心路历程。虽然无法从创作者的角度去推测，但是体会了“尝试去理解”的努力。创作古诗文体，也只是一种模仿，而不是还原。版式设计不是设计师主观意愿的单向传播，读者在阅读过程中也会根据设计作品形成自己的思考。

案例既展现项目自身的完整性，也展示出其现场感及设计应用技能。设计练习不能孤立地看设计的结果，加强设计过程的学习体验，往往更易于提高学生提出问题、分析问题、解决问题的能力，以保证学生未来发展的可持续性。

图11-9　春江花月夜
（设计者：方远）

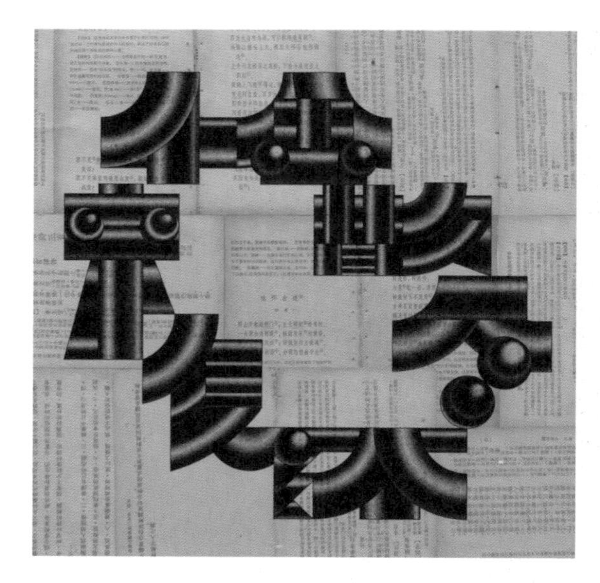

图11-10　千金散尽还复来
（设计者：方远）

第二节　如何赏析版式设计

版式设计的过程是将版面基本要素整合的过程，一般是将文字、图形图像、色彩这三个基本的要素按照一定的美学方式和传达信息的目的加以构成。《回想 回想》项目实验海报中，字体与图片的编排是重要内容，以图形表现为基础，通过合理的版式赋予作品一定的秩序感和冲击力，色彩方面虽然仅用了黑、白、灰，但表达出极为丰富的色彩感觉，从而给人留下深刻的印象。

就像那句"一千个读者心中有一千个哈姆雷特"，在一千个中国人心里也有一千种不同意味的"床前明月光"。通过1000余份调研，设计师方远寻找着人们心中的那句诗，试图从每一个鲜活的讲述者和他们的故事中描摹出古典诗歌在当下的存在形态。

我们将尝试运用"四步法：描述、分析、解释、评价"对该项目部分实验海报版式设计作品进行赏析。

一、"八九十枝花"创意作品

（一）描述

项目作品运用形象字体的表现手法，作品中创意字体以花朵形象的图形，呈现出诗句"八九十枝花"，如图11-11所示。

图11-11　八九十枝花
（设计者：方远）

（二）分析

等形分割型的版式，画面灵活多变，重点突出。该版式设计中创意字体与图形进行角色转换，画面明暗对比强烈，主题鲜明，图像以完整的负形表达题意，具有扩张性，给版面创造突出的视觉冲击力，也在第一时间捕捉到观者的视线。当观者的视线接触版面时，迅速从左上角向下移动，穿过版面中心位置移到右上角、右下角，最后落在画面中心偏上的位置。

文字的图像化使版面产生趣味并获得视觉吸引力，设计师注重文字编排和文字图形化创意，赋予文本更深的内涵，提高版面的趣味性和可读性。文字象形，造型现代感强，笔画粗细变化多，给人以精致独特的感受，主笔以枝叶形象呈现，副笔运用花形替换，花的装饰性强，采用夸张提炼的造型手法，展现花朵正面、侧立面，含较强的现代元素特质，形式上和内容达到协调统一，与背景的旧古诗纸页形成对比，更彰显文化气息。

（三）解释

该诗句是来自于四岁的小男孩的问卷，“我喜欢这句诗，因为花很可爱，很美”。设计师以植物特征创意字体，使版面更加真实和立体，体现性格特征并确定版面氛围。

（四）评价

该作品是《回想 回想》项目实验海报作品中，最简洁、最直观，装饰性极强的作品之一。

二、“也无风雨也无情”创意作品

（一）描述

项目作品以点集结形式的手写创意字体的图像，呈现出诗句“也无风雨也无情”，如图 11-12 所示。

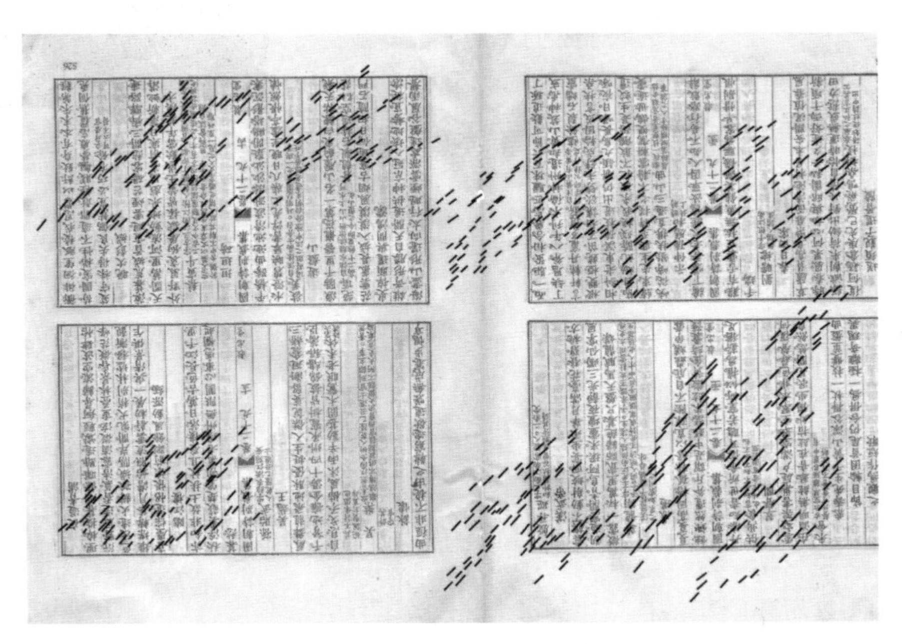

图 11-12　也无风雨也无晴

（设计者：方远）

（二）分析

自由型的版式呈现出轻快的视觉效果。文字在该版式设计中作为最重要的视觉传达元素，手绘创意的文字带有强烈的个人色彩，其不受局限的自由性，表现出随性、开放的感情色彩。

手绘创意的诗文悬浮贯穿于古诗词底纹之上，整体呈现细腻、轻盈、趣味风格。浅色旧古诗纸页文字纹饰装饰背景，带来精致典雅的感受，背景元素以对称式单元网格排版，使版面更加丰富、美观且具有一定的空间层次感。虚背景的感觉轻松悠闲，为了更好地衬托主题，手绘字体集中视线给版式带来生机，给予诗歌大量的想象空间。

（三）解释

它是来自退休在家，在露台种起月季花园的语文教师的问卷，“‘也无风雨也无晴’，人生亦是如此，最好不过如此”。

（四）评价

该作品是《回想 回想》项目实验海报作品中，体现传统的含蓄美与古典气息范例，手写体的真切感与特定的人物境遇紧密相连，具有现场意境。底纹结合创意手写字体轻松、别致，使得版面节奏轻快。

三、“铁马冰河入梦来”创意作品

（一）描述

项目作品以具有强烈金属质感的创意字体的立体图像，呈现出诗句“铁马冰河入梦来”，如图 11-13 所示。

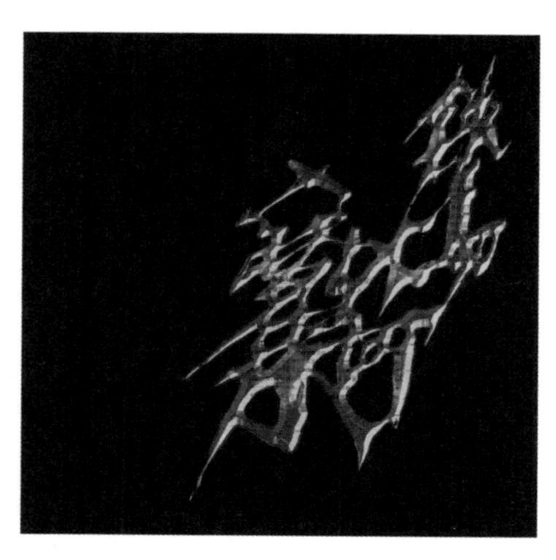

图11-13 铁马冰河入梦来
（设计者：方远）

（二）分析

作品采用纵向的方式编排文字信息，增强版面的纵深感，字体的明度差别对视觉空间层次也起着重要作用，字体由大至小变化，空间的特质也随之变化。每个单位看起来都像处在不同的视觉层次，有的向前，有的后缩，整个诗句如同万马奔腾，仿佛钢筋铁骨、赤胆忠心的军团向我们走来，版面色彩与主题也产生了紧密关联，有象征意义，在全黑背景衬托下，仿佛黑暗中一道胜利的光明。

背景二分之一的空白自然地引导读者把目光引向主题，烘托和渲染主题的同时，更增加了版面的空间效果，营造开阔的意境。空白更是将无形空间创造成有形空间，通过空白之虚，受众欣赏到的是超乎形之外的更深层次的意境，虚实结合使画面更具灵性，突破表面物质的阻碍，达到灵感的传输。

（三）解释

它是来自六十五岁的退伍军人的问卷，“别的很多我记不住，但这句肯定不会忘：‘铁马冰河入梦来’”。

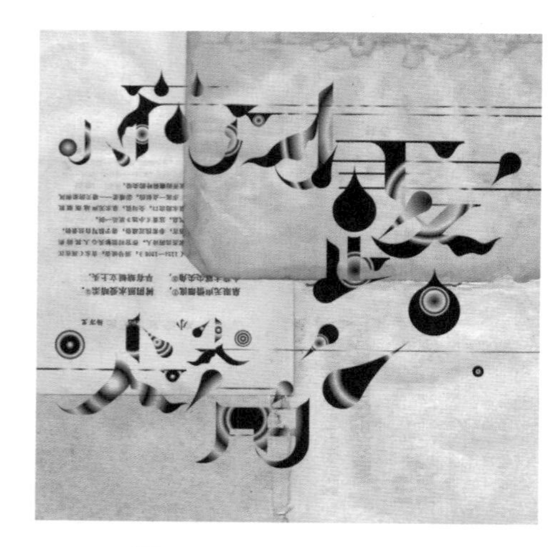

图 11- 14 小荷才露尖尖角
（设计者：方远）

（四）评价

该作品是《回想 回想》项目实验海报作品中，简洁、直观的作品之一，以低中调明度对比及锐利的笔锋，展现一种深藏于心，矢志不渝的家国情怀，将视觉与人的经历相结合，产生综合的体验感。

四、“小荷才露尖尖角”创意作品

（一）描述

项目作品中以清新、活泼的图像风格的创意字体，呈现诗句“小荷才露尖尖角”，如图 11-14 所示。

（二）分析

作品以自由型的版式，呈现出活泼、轻快的视觉效果。通过对诗句回想共鸣，字体的创意变化，展现了一池美景。将创意文字作为图形化表现，水滴形作为点元素充满画面，圆形气泡效果，我们会想到香槟酒里的气泡往上冒，想到池中的鱼儿吐气泡，这种趣味性、娱乐性的诗文创意字体提高版面的醒目性，给人跳跃的视觉感受。创意文字在尽可能保持可识别性的同时，营造出与诗意相一致的美感。

旧古诗书纸页的重叠摆放，将背景分割为多个黄金矩形，背景底纹文字的疏密，产生不同明度层次的背景。创意文字与背景旧古诗书的强烈对比，也是产生空间感的重要手段，字体以老宋体的笔画特征为主，通过诗句字体的大小、粗细、明度差异，在对比变化中产生空间感、层次感、运动感。

（三）解释

读完小荷才露尖尖角，不自主就会补全下一句“早有蜻蜓立上头”的佳句，人和自然和谐相拥，回想美景映入眼帘，唱响心中的歌。

（四）评价

该作品是《回想 回想》项目实验海报作品中，主题文字装饰化手法、设计元素及色调丰富的作品之一，高明度基调底纹与柔美有趣的创意字体的对比，展现出对自然景物的热爱之情，给予受众轻松的体验感。

五、“人生自古谁无死”创意作品

（一）描述

作品以矛盾、激烈笔触的创意字体，呈现诗句“人生自古谁无死”，如图 11-15 所示。

（二）分析

满版型版式设计，文字满版编排，构图饱满，视觉冲击力强，传达效果直观而强烈。诗文夸张地放大处理，彰显个性创意，大气又不失细节。作品通过创意文字的拆分、放大、扭曲、变形、正反倒转等变化，创造不安定气氛。随着曲线游走排列及虚实变化，构建了多层次、多角度的视觉空间，体现不安、焦躁的人生。沉闷的色调，毛躁的笔触，令受众压抑并难以呼吸。

（三）解释

它是来自于在花信年华却不得不因为恶性肿瘤频繁往返医院的她的问卷，“‘人生自古谁无死’因为得了这个病，能从这句话里寻找到一种宽慰”。

图11-15　人生自古谁无死
（设计者：方远）

（四）评价

该作品是《回想 回想》项目实验海报作品中，矛盾元素最多的作品之一。以低中调明度对比，创造出矛盾的体验感。文字信息传达直观，营造出严肃、紧张且无奈的情感。

六、“梦里不知身是客”创意作品

（一）描述

飞舞飘动的创意字体呈现出诗句“梦里不知身是客”，如图 11-16 所示。

图11-16　梦里不知身是客
（设计者：方远）

（二）分析

曲线型版式设计趣味性十足，文字作为视觉符号使用，本身的阅读性削弱。沿自由曲线编排的创意字体，引导视觉顺时针动态流动，粗体笔画增加了文字的力量，与高明度的副笔形成对比。文字主笔以重色不规则的块面呈现，丰富空间层次、烘托及深化主题，视觉冲击力更加强烈。

创意字体的外部形态和设计格调唤起观者的审美愉悦感，达到内容与形式的完美统一，令人过目不忘，内容因形式而更有活力，动静结合，增强版式感染力。作品黑白灰对比层次分明，诗文字体与旧书页背景底纹对比，更加强了空间感、层次感，会意字形的诗句宛如迁徙的大雁，忧虑惶恐，期待下一站的休憩，更期待圆满回迁。

（三）解释

该作品是远在异国他乡求学，三年没能回国的他，在夜半静静写下的“梦里不知身是客”。

（四）评价

该作品是《回想 回想》项目实验海报作品中，对比因素较高的作品之一，如明暗对比、曲直对比、肌理对比、虚实对比等。曲线型版面流畅、舒展，既富有动感又强化主题。

七、“欲穷千里目”创意作品

（一）描述

作品运用似建筑造型的创意字体，呈现诗句“欲穷千里目”，如图 11-17 所示。

（二）分析

对称型版式和谐、优美、整齐、庄重，具有良好的平衡感和传统的审美趣味。作品通过点、线、面的疏密、强弱，产生视觉上的节奏和韵律，产生规律的起伏动感。

一组近似同心圆的弧线，构成膨胀网格，字体沿几何弧线扭曲变形，产生惊奇效果，使人过目不忘。文字的笔画被弧线切割打散，又由多条近似的线堆积成形，虽然文字以图像的形式出现，削弱了其可读性，却也因此产生强烈空间感、跳跃感、音乐感，成为版面中最活跃、最引人注目的视觉元素。

根据设计师对主题的感受进行感性处理，把文字作为符号使用，通过曲线对文字的分割及有序编排，将鹳雀楼形象巧妙地融合到字体当中，利用文字排列形成图形效果，字间重复渐变的细线条意象着进步向上，并营造画面节奏感，增强版面的感染力和吸引力，形成独特的视觉美感。

（三）解释

运用形象创意字体的表现手法，表明视野与胸襟，预示着积极进取学无止境，并将正能量以声波、水波的形式传递、发扬。

（四）评价

该作品是《回想 回想》项目实验海报作品中，平衡感、节奏感、韵律感最强的作品之一，体验形式美的法则设计应用，体现品位、情感和想象力。

八、“最是人间留不住”创意作品

（一）描述

作品运用烟雾虚化效果的创意字体，呈现诗句“最是人间留不住”，如图 11-18 所示。

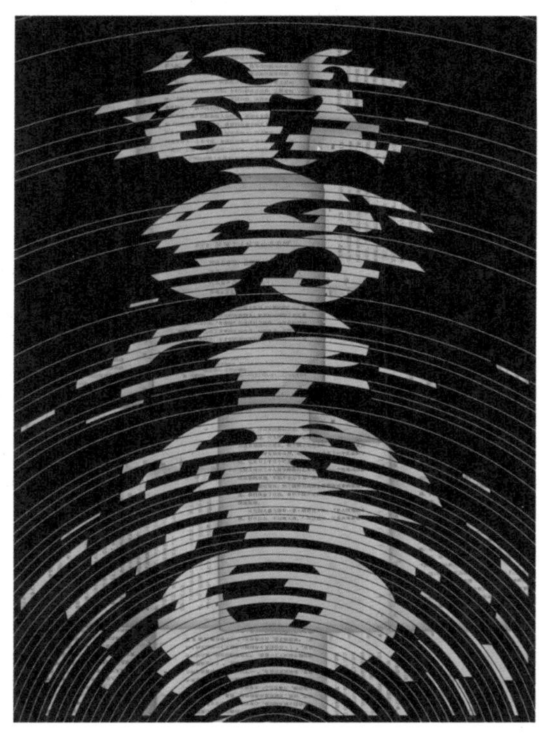

图11-17　欲穷千里目
（设计者：方远）

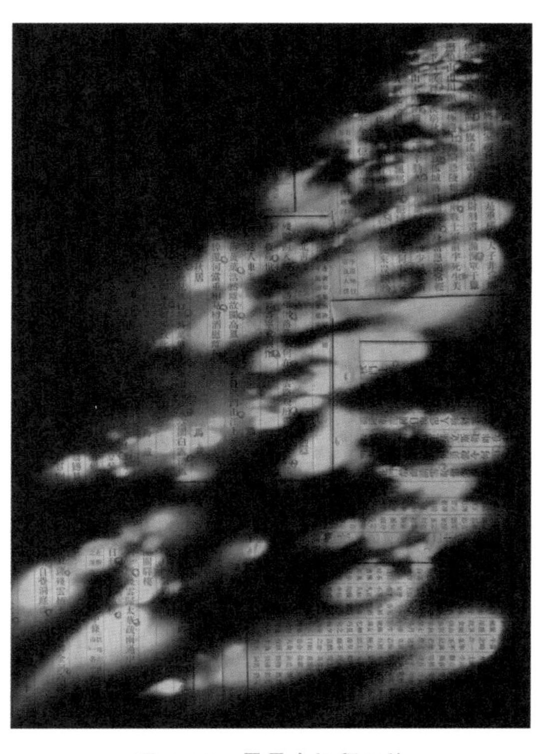

图11-18　最是人间留不住
（设计者：方远）

（二）分析

倾斜型版式设计，画面动感及延伸性十足。作品中创意字体斜线的编排占主体地位，富有较强的运动感和进深感，通过烟雾的特效，形成梦幻般的视觉效果，主题文字与背景融为一体，产生虚实对比，并产生有趣的空间感。模糊、显得有些聚焦不准的图片给设计添加抽象的意味。旧书中横、纵方向文字内容作为底纹充实版面内容，使版面更加丰富、美观。

文字的巧妙虚化处理，具有神秘感，近实远虚，在平面上造成三维空间并产生距离感，引起受众极大的兴趣并发挥无限的想象空间。作品体现时间的流动感和速度感与古诗文的沧桑背景衬托，更会吸引到那些具有怀旧情结受众的回想。

（三）解释

“最是人家留不住，朱颜辞镜花辞树”，烟雾特效的字体创意也恰巧诠释了主题，人间一切美好，终会化为烟雾。

（四）评价

该作品是《回想 回想》项目实验海报作品中，运用强对比的表现手法作品之一，肌理对比、虚实对比、规律的动感等加强了复杂又怀旧的情绪抒发。

九、“满船清梦压星河”创意作品

（一）描述

作品以涌动纤细水波样式的创意字体面貌，呈现诗句“满船清梦压星河”，如图 11-19 所示。

图11-19　满船清梦压星河
（设计者：方远）

（二）分析

曲线型版式设计中，曲线倾斜走向的张力让整个页面动感和延伸性加强。设计者根据对主题的问卷来源及感受进行感性处理，把文字作为符号使用，笔画纤细、雅致并以曲线姿态柔美穿插，通过斜线走向编排，对文字进行拉伸、扭曲、变形操作，将青草湖形象巧妙地融合到字体当中。利用纤细波动的文字图形效果，轻盈线条表达酒醉后的美妙梦境，华星秋月的水中倒影。黑背景衬托夜晚的寂静，低长调的明度对比突显字体的闪耀，惟妙惟肖地再现粼粼波光的青草湖面。

（三）解释

作品动态般呈现古诗的独特意境，瞬间吸引眼球并引起受众心理上的共鸣，表达摆脱尘嚣的愉快与豁达。

（四）评价

该作品是《回想 回想》项目实验海报作品中，对比因素较高，视觉感轻松、舒畅的作品之一，如明暗对比、曲直对比、虚实对比等。曲线型版面流畅、舒展，既富有动感又强化主题。

十、“莫使金樽空对月”创意作品

（一）描述

作品以散乱飞舞的碎片状创意文字，呈现诗句“莫使金樽空对月”，如图 11-20 所示。

（二）分析

设计者在自由型版式设计中拥有极大的发挥空间。字体的创意变化，如同碎片飞舞，创意文字的底纹为旧古诗书纸页，其印刷字体大小、疏密不同，产生了不同层次的灰调子，底纹顺应碎片的形体转折，形成丰富的空间层次。

创意文字不同角度的扭转错落，给版面带来跳跃感，使版面充满动感与激情，但同时也影响到版面的阅读率。创意文字突然放大或缩小的特异的变化,也最大限度地调动观者在阅读时的想象互动能力。低中调的明度对比关系及黑色背景,均衬托出深沉、矛盾、借酒消愁的忧愤心情。

(三)解释

版式中的乱中有序,为观者的阅读留下足够的想象空间,心灵与空间产生互动,完成设计师与读者间的深层次的思想沟通。

(四)评价

该作品是《回想 回想》项目实验海报作品中,集自由度高、对比因素多、空间感、动感强的作品之一,如疏密对比、明暗对比、虚实对比等。自由型版面舒展任性,既富有神秘感又深化主题。

图11-20　莫使金樽空对月
(设计者:方远)

十一、“莫愁前路无知己”创意作品

(一)描述

作品以醒目简洁的文字,呈现诗句“莫愁前路无知己”,如图 11-21 所示。

图11-21　莫愁前路无知己
(设计者:方远)

(二)分析

满版型版式设计,构图饱满,字体结构粗细一致,字形方正简洁,视觉冲击力强,传达效果直观而强烈。字体规整排列,在左右对称中达到均衡,画面整体平衡,给人稳定、可信赖的心理感受。诗文夸张地放大处理,彰显个性创意,大气又不失细节。

版面图与底的面积比相当,旧古诗文纸本形成白、灰不同调子的底纹,对比明确,层次分明,高明度创意字体似乎有跳出画面的感觉,空间感强。文字清晰、易读,亲切自然,目光在文字间流动没有任何阻碍,字字不断、笔笔相连,流露友人间浓浓过往,表达离别时依依不舍之情进而产生共鸣。

(三)解释

该作品是来自于即将毕业离校大学生的问卷,“莫愁前路无知己,天下谁人不识君”。

(四)评价

该作品是《回想 回想》项目实验海报作品中,版式设计简洁、直观、平衡感强的作品之一,版面字体笔笔相连、情意绵绵,视觉感轻松、舒畅。

十二、“千山鸟飞绝”创意作品

(一)描述

作品以醒目简洁的文字,呈现诗句“千山鸟飞绝”,如图 11-22 所示。

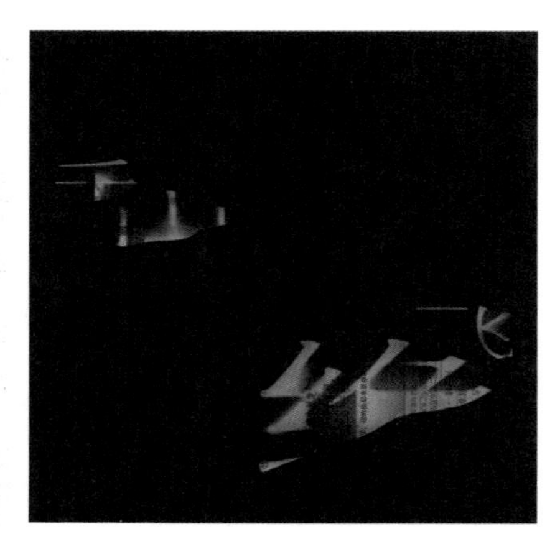

图11-22 千山鸟飞绝
（设计者：方远）

（二）分析

设计者在自由型版式设计中拥有极大的发挥空间，通过对诗句的回想共鸣，字体的创意变化，展现《江雪》中的凌寒无畏，垂钓于冰天雪地间。创意的诗文或缺字或残笔，作为特殊的图形化表现，设计创造出意象性的字体。

作品将文字图形进行剪裁，建立相对的完整性，当然这种完整性主要是建立在完形心理学之上，视觉上受众会对不完整的形进行完形理解，根据自己的认识、经验，去推测去完善其形状，设计师最大限度地调动观者在阅读时的想象互动能力。

创意文字与背景旧古诗书的强烈对比，文字的或大或小也是产生空间感的重要手段，字体以宋体的笔画特征为主，通过诗文字体的大小、粗细、明度差异，在对比变化中产生空间感、层次感。大面积的黑背景衬托抑郁、愤懑的心情。随着曲线游走排列及虚实变化，构建了多层次、多角度的视觉空间，体现不安、焦躁的人生。沉闷的色调，毛躁的笔触，令受众压抑并难以呼吸。

作品背景留白的作用实际是留人，留下人的注意目光，使人在休息和停顿中看到主题，背景留白正是视觉元素大量积压的释放空间，体现了谦让、强烈的虚实对比，空旷与简约之美。观者通过阅读留下足够的想象空间，心灵与空间产生互动，完成设计师与读者间深层次的思想沟通。

（三）解释

熟悉诗句的观者，即便海报中缺少文字，也能回想并予以补充作答，正因如此才吸引了受众的目光，达到预想的艺术效果。

（四）评价

该作品是《回想 回想》项目实验海报作品中，版式设计极简作品之一，版式简洁醒目，引人回想注目。

思考题

1. 简述项目设计的流程。
2. 赏析版式设计作品的“四步法”指的是什么？
3. 任选一幅版式设计作品，尝试运用“四步法”进行赏析。

参 考 文 献

[1] 马赫 . 感觉的分析 [M]. 洪谦，等译 . 北京：商务印书馆，1997.

[2] 王受之．世界平面设计史 [M]．北京：中国青年出版社，2002.

[3] 佐佐木刚士．版式设计原理 [M]．武湛，译 . 北京：中国青年出版社，2007.

[4] 吉姆·克劳斯 . 字体设计指南 [M]. 王毅，译 . 上海：上海人民美术出版社，2009.

[5] Designing 编辑部．版式设计——日本平面设计师参考手册 [M]．北京：人民邮电出版社，2011.

[6] 贾森·特塞勒提斯 . 新字体设计基础 [M]. 杨茂林，译 . 北京：中国青年出版社，2012.

[7] 阿历克斯·伍·怀特 . 字体设计基础 [M]. 徐玲，尚娜，译 . 上海：上海人民美术出版社，2013.

[8] 金伯利·伊拉姆．网格系统与版式设计 [M]．孟珊，赵志勇，译 . 上海：上海人民美术出版社，2013.

[9] 刘晓琪 . 版式设计就这么简单 [M]. 北京：电子工业出版社 . 2015.

[10] 浅草 . 寻找中国匠人之旅 [M]. 上海：文汇出版社，2016.

[11] 陈晗 . 版式设计 [M] . 重庆：西南师范大学出版社，2016.

[12] 胡卫军 . 版式设计从入门到精通 [M] . 北京：人民邮电出版社，2017.

[13] 董庆帅 . UI 设计师的版式设计手册 [M] . 北京：电子工业出版社，2017.

[14] 吴冠聪 . 视觉传达中的版式设计创意设计与应用研究 [M] . 北京：中国纺织出版社，2018.

[15] 王爽 . 版式设计 [M]. 2 版 . 北京：清华大学出版社，2019.

[16] 喻珊，张扬，刘晖 . 字体与版式设计（微课版）[M]. 北京：清华大学出版社，2021.

[17] 字体帮 . 字体设计创意集 [M]. 北京：人民邮电出版社，2021.

[18] 李大为 . 字我修养——字体设计原理与实践 [M]. 北京：清华大学出版社，2021.

[19] 刘鑫 . 东方美学——书法字体设计方法与案例解析 [M]. 北京：人民邮电出版社，2022.

[20] 安雪梅 . 字体设计与实战 [M]. 北京：清华大学出版社，2022.

[21] 文两道 . 字美之道 字体设计从基础原理到商业实战 [M]. 北京：电子工业出版社，2022.